KB122726

행복의 원석을 찾아서

행복한 육아를 위한 버츄프로젝트 실습서

이희수 지음

행복의 원석을 찾아서

발 행 2023년 2월 27일
저 자 이희수
디자인 문찬미
편 집 남은주
펴낸이 허필선

펴낸곳 행복한 북창고
출판등록 2021년 8월 3일(제2021-35호)
주 소 인천 부평구 원적로361 216동 1602호
전 화 010-3343-9667
이메일 pilsunheo@gmail.com
홈페이지 https://www.hbookhouse.com

판매가 | 16,000 원
ISBN 979-11-976996-5-8 (03590)

* 본문의 글씨체는 을유1945와 제주명조를 사용하였습니다

행복한 육아를 위한 **버츄프로젝트** 실습서

행복의 원석을 찾아서

이희수 지음

버츄프로젝트로 미덕을 깨우는 엄마 이야기
나는 우리 아이의 코치가 되기로 했다
최고의 아이 교육은 부모의 행복이다

행복한북창고

프롤로그

“시현아~, 너희 엄마가 우리 엄마였으면 좋겠어.” 우리 아들의 친구들이 하는 말이다. 그리고, 우리 아이는 엄마가 세상에서 가장 좋은 이유를 100가지쯤 나열해 준다. 나도 이제는 사랑받고, 받은 사랑을 다시 나눠주는 일이 기쁘다. 이전부터 그랬던 것은 아니다. 어느 순간 나를 사랑하기 시작했고, 내가 사랑받는 존재라는 것을 알게 되었다. 요즘은 나를 소개하는 자리에 가게 되면, ‘나는 편안하고 기분 좋은 사람’ 이라고 말한다. 지금 나는 분명 지금 사랑받는 존재라는 것을 알기 때문이다. 이 모든 것의 시작은 ‘버츄프로젝트’ 였다. 버츄프로젝트를 통해 사랑을 알았고, 삶이 사랑으로 넘치며, 그 사랑을 나눌 수 있다. 만약 내가 버츄프로젝트를 몰랐다면 이런 삶을 살 수 있었을까? 아마도 아닐 것이다.

이전의 나는 무엇하나 내세울 게 없는 사람이었다. 내 감정과 욕구가 먼저인 사람이었다. 다른 사람의 마음을 헤아릴 줄 몰랐다. 사십 년 이상을 이런 모습으로 살았다. 한없이 부족한 나, 가족과 타인의 도움이 있어야 용기 낼 수 있는 나였다. 마흔에 가까운 나이에 엄마가 되었다. '엄마'는 결코 아름다운 이름이 아니었다. 엄마라는 이름은 육아를 두려워한 내가 져야 했던 숙제였다. 육아라는 숙제가 현실로 다가오자, '과연 내가 육아를 하면서 제대로 해낼 수 있을까?'라는 생각이 자주 들었다. 주변을 돌아보면 나보다 훨씬 뛰어난 사람들인데도 자녀와의 관계에서 돌멩이 구르고, 쇠 긁는 소리가 자주 들렸다. 나는 자신이 없었다. 육아를 잘하기 위해 여러 가지를 배우다 버츄프로젝트를 만났다. 그리고 얼마 지나지 않아 내가 그토록 찾아다니던 것임을 알 수 있었다.

그동안 수업과 공부를 하면서 적용했던 버츄카드, 버츄프로젝트 워크북, 퍼실리테이트 워크북, 퍼실리테이트 매뉴얼, 버츄프로젝트 교육자용 안내서의 도움을 받았다. 내가 얻은 배움을 삶에 적용하면서 내게 맞도록 변형시킨 내용을 글에 담았다.

버츄프로젝트는 육아를 위해 시작한 내 공부의 마지막까지 붙잡고 있던 과목이다. 그런데도 나는 여전히 화가 나면 눈감고 셋을 세어야 했다. 화가 나를 잠식한 날에는 아들의 이름을 부르면서 한 템포 쉬지 않으면 내가 한 말에 후회하게 될 때가 있다. 후회한 뒤, 뒤늦게 아들에게 "엄마, 지금 어떤 미덕이 필요해?"라고 엄마인 나에게 물어봐 달라고 요청도 한다.

좋은 엄마가 되기 위해 좋은 사람이 되겠다는 다짐에서 만난 버츄프로젝트다. 세계 가정의 해를 맞은 1994년 UN에서 "전 세계 모든 가정을 관통하는 인성교육 프로그램의 전형"이라고 버츄프로젝트를 평했다. 깊이 공감한다. 남들이 보기에 나는 여전히 모자라는 엄마, 부족한 인격으로 보일지 모른다. 하지만 버츄프로젝트를 알기 전과 지금의 나는 아주 많이 변했다. 버츄프로젝트가 나를 변화시킨 걸 보니 변화되지 않을 사람은 없을 듯하다.

버츄프로젝트를 통해 나를 비롯한 모든 사람의 인성의 광산에는 미덕의 보석이 가득하다는 사실을 알았다. 내 인성의 광산을 깨닫고, 다른 사람의 미덕 광산을 보자 남편, 아이, 지금 내 삶의 축을 이루는 사람들까지 모두가 보배였다. 우리는 가진 게 없어서 불행한 것이 아니었다. 내가 가진 것이 무엇인지 몰라서 불행한 것이었다. 버츄프로젝트는 그렇게 내가 이미 가지고 있는 것의 소중함을 알려주었다. 그때부터 내가 변했고, 나를 둘러싼 세상이 변하기 시작했다. 나는 세상에 존재하는 것의 소중함을 알아갔다.

'모든 사람의 인성의 광산에는 모든 미덕의 보석이 박혀 있다'라는 버츄프로젝트의 철학은 나를 변화시켰다. 나의 내면과 삶을 변화시키기 위해 매달렸던, 책과 사람들 속에서도 찾지 못했던 실마리를 버츄프로젝트에서 찾았다. 매일 새벽마다 버츄 워크숍 교재, 퍼실리테이터 교재까지, 모두 필사했다. 읽고, 질문하고, 나를 들여다보았다. 하루하루를 버츄카드에 나를 맡겼다. 버츄프로젝트의 철학 덕분에 내 인생의 아름다움은 내 속에 있다는 걸 알게 되었다. 나와 내 주위 사람들의 마음속에 미덕이라는 보석이 가득 박혀 있다는 가르침 덕분이었다.

나는 이 책을 읽는 사람의 가슴 속에도 버츄프로젝트의 철학이 살아 숨쉬기를 기대한다. 버츄프로젝트가 무엇인지 잘 모르더라도 이 책을 읽고, 자신의 미덕을 찾아 떠나기를 기대해 본다.

이 책을 쓰며 나보다는 나의 아이 생각을 많이 했다. 호기롭게 책을 쓰겠다고 욕심을 부렸다가 포기한 적이 있다. 다시 이 책을 쓰려고 마음먹은 것도 아이 때문이었다. 아이가 어른이 되어 자신과 내가 살아온 모습, 성장하는 과정을 보여주고 싶었다. 개인적인 목적으로 시작한 글이라 독자들에게 다소 미안한 마음이다. 그러나 내가 살아온 모습이 분명 누군가에게는 도움이 될 것이라 믿는다. 부족하지만 내 이야기가 당신의 마음속에 작은 울림이 되었으면 좋겠다.

이 책의 1장에는 나라는 한 사람이 가족을 꾸리고 엄마가 되는 여정을 담았다. 2장에는 엄마 수업을 받는 늦깎이 학생이었던 나의 모습을 담았다. 3장에서는 인생 공부를 하고 버츄프로젝트를 하며 변화하는 나의 모습을 그렸다. 4장에서는 버츄프로젝트가 어떻게 삶에 적용될 수 있는지, 아이에게는 무엇을 이야기할 수 있는지 가족 속의 버츄프로젝트 이야기를 담았다. 5장에서는 내가 다시 사회로 나아가 버츄프로젝트를 어떻게 세상에 적용했는지에 대한 이야기를 담았다. 6장에서는 부록으로 다른 사람들의 버츄 이야기를 모았다.

이 책을 읽는 독자가 자신과 주변 사람들이 얼마나 소중한 존재인지 알았으면 좋겠다. 우리는 모두 미덕이라는 광산을 가지고 있다. 이 미덕의 광산에는 아직 다듬어지지 않은 수많은 보석이 알알이 박혀 있다. 매일 미덕을 찾고, 그 안에 들어 있는 영롱한 아름다움을 즐겨봤으면 한다. 그리고 모든 것에 감사했으면 한다. 따스한 햇살이 내리쬐는 날, 여러분 아이의 웃음 속에 들어있는 햇살 가득한 '사랑'이라는 미덕으로 충만한 하루가 되었으면 좋겠다. 자신의 삶을 따뜻한 온기로 가득 채우는 삶이 되었으면 좋겠다. 당신은 이미 소중한 사람이다.

저자 이희수

목차

3장 독립된 존재로 마주하기

4장 집에서 하는 미덕 놀이

5장 버츄, 학교에 가다

부록 버츄를 전파하는 사람들

1장

오랜 기다림

1-1 마음 가는대로

아이가 갓 학교에 입학했을 때였다. 아이 등굣길에 자주 마주치는 학부모와 친해졌다. 그 어머니는 세 명의 자녀를 키우고 있었고, 둘째가 초등학교에 입학했다고 했다. 양육에 대한 여러 이야기를 나누어 보니, 나처럼 육아로 고민이 많으셨다. 자녀 교육이 무엇인지, 자신이 하는 방식이 맞는지도 모르지만 아이는 돌봐야 했고, 세 아이에게 일어나는 사건 사고로 한시도 가만히 있을 수 없다고 했다. 거의 매일 등굣길에 만나 이야기하는 시간은 육아의 고단함을 토로하는 시간이었고, 서로 위로받는 시간이었다.

어느 날, 그분이 나에게 말했다.

"언니, 학교 다니면서 공부를 잘하셨나 봐요?"

갑작스러운 질문에 당황했다. 그리고 지난 내 학창 시절을 떠올려봤다.

나의 성적은 항상 중간 정도였다. 초, 중, 고등학교까지 한 번도 공부로 밥 벌어 먹고살겠다고 기대할 수 없는 정도였다 그래도 중학교 이후 문학책은 가깝게 했었다 내가 가장 좋아하는 책은, 헤밍웨이의 『누구를 위하여 종은 울리나』라고 말할 정도였다. 공부는 따라가기 위해, 독서는 뽐내기 위해 책을 읽는 수준이 나의 학창 시절 성적표다.

'제대로 놀았다.', '공부 좀 했다.' 중 어느 쪽도 아니었다. 적당히 눈치 보며 수업 시간에 잠도 자고, 시험 기간에 공부하듯 안 하듯 했던 사람이다. 눈에 띄지 않는 학생이었다. 그때나 지금이나 그게 좋았다. 인생 편하게 살았다.

고등학교를 졸업하고 잠시 삶에 대해 고민을 했다. '이렇게 보내도 되나?', '공부하면 뭐라도 할 수 있는 다른 일이 생길 거야.'라는 생각이 들었다. 언제나 그렇듯 진지하지 못한 나의 질문은 곧바로 행동으로 이어졌다. 대학 입시학원을 등록했다. 막상 공부하려고 하니 입시학원에서 하룻저녁 4시간을 꼬박 수업을 듣기가 쉽지는 않았다. 머릿속은 언제나 다른 곳에 가 있었다. '내 머리로 공부한다는 건 무리야!'라며 놀고 싶은 자신을 합리화하며, 보고 싶었던 친구들에게 향했다. 결국, 공부에 대한 미련은 입시 학원비 날리는 것으로 끝냈다.

내가 선택한 20대 청춘의 열정은 친구, 술, 노래연습장이었다. 때때로 클럽도 다녔다. 번 돈의 대부분 용돈으로 썼다. 미래를 위해 저축도 필요하다는 것은 알았지만 실천하지는 않았다. 물렁물렁했던 나의 결단력과 실행력 부족은 20대의 나를 늘 따라다녔다.

20대는 삶에 대한 동기가 약했던 시기였다. 좋은 책을 읽고, 약이 되는 말을 들어도 나의 마음은 받아들일 준비가 되어있지 않았다. 삶은 무료했고, 그 무료함을 알면서도 열정이란 단어는 눈을 씻고 보아도 찾을 수 없었다. 굳이 찾는다면 친구들과 똑같은 배우, 가수 이야기 나누고, 친구, 가족, 직장 동료의 뒷담화를 하는 것이 일상이었다. 그것이 나의 최선이었고 열정 표출의 창구였다. 그때는 더 나은 삶이 보이지 않았다.

당시를 돌이켜보면 나의 열정을 쏟을 또 다른 대체 가능한 것들은 무수히 많았다. 지루한 학교 공부는 절대 아니었다.

젊음이 주는 평범한 일상을 즐기고 있었다. 그것만으로도 충분한 시기였다. 그 경험으로 나의 이야기를 만들고, 그 격렬함을 위해 인내했던 시간이 끈기를 길러주었다. 학창시절, 나는 별 볼 일 없는 일상을 사랑했다. 내가 마음 가는 것에 내가 있었고, 좋아하는 일을 그냥 했다. 그게 다였다. 지나고 보니 그 시간이 그립다.

그런 나를 보고 '공부 좀 하셨나 봐요?' 라는 질문에 순간 당황도 했지만, 지금 다시 만난다면 정정해 줄 수 있을 것 같다. '학교 다닐 때는 따라가기 위해 공부했지만 따라가지는 못했어요. 공부는, 엄마가 되고 나서부터 본격적으로 시작했답니다.' 나는 뒤늦은 숙제 하듯 공부를 시작했다.

1-2 이기적 여자, 과묵한 남자

1999년 8월 28일 여름의 절정기에 이 남자를 만났다. 평소 외모에 자신이 없던, 아니 못생겼다고 생각했던 나는 잘생긴 남자를 찾았다. 남편이라면 특히 더 중요했다. '2세를 위해서라도 둘 중 한 명은 잘 생겨야지.' 라고 생각했다. 지금 생각해보면 참 단순했다. 나이 스물일곱에 결혼 상대를 찾는 조건이 기껏 외모뿐이었다. 그래서 만난 남자는 외모 빼고는 모든 조건이 평범했다. 나보다는 괜찮은 남자였다. 그렇게 나는 외모가 더 괜찮은 남자와 만나 그해 11월 28일에 결혼했다.

결혼해야 부모님에게서 벗어나 원하는 대로 살 수 있다고 생각했다. 주택 2층에 세 들어 시작한 신혼집이었다. 나의 공간이 생겼다. '결혼' 은 내게 27년 만에 처음으로 완전한 자유인이 되는 티켓이었다. 하지만 남편은 나와 달랐다. 남편에게 결혼은 둘이 함께하는 자유였다. 내가 생각하는 자유는 남으로부터 간섭받지 않는 삶이었다. 남편과 내가 생각하는 결혼의 의미가 달랐다. 서로 다른 환경에서 성장했고, 결혼과 사랑에 대한 깊이 있는 대화를 단 한 번도 나누어 본 적 없던 우리는 자주 싸웠다.

나는 싸움닭만큼 격렬하게 싸울 자신은 없지만 내가 원하는 것을 포기하지 않을 만큼 끈기가 있었다. 싸우는 것도 쌍방이 함께해야 결말이 나온다. 어떤 말을 해도 이 남자는 대답이 없다. 입에서 나간 말은 튕겨 나올 뿐이었다. 순간 친정 부모님이 떠올랐다. 유머 감각 뛰어난 우리 엄마는 평소에 사람들과 있으면 유쾌하게 좌중을 이끌며 대화하기 좋아하셨다. 재치 있고 기억력도 좋아서 다양한 이야깃거리를 많이 알고 계셨다. 6.25 전쟁 때 겪은 실화에서부터 할머니로부터 전해 들은 우화에 이르기까지 밤이면 내게 이야기를 전해 주시곤 했다. 그런 어머니께서 아버지께 화가 나면 수십 년 전의 일들을 조목조목 따지셨다. 아버지는 평생 단 한 번도 큰 소리를 내거나, 당신 자신이 바뀌지 않으셨다. 그렇게 엄마는 불만을 쏟아내고 아버지는 침묵으로 일관했다. 엄마의 모습이 마치 나의 미래 모습처럼 그려졌다.

'엄마의 모습을 따라가지 않으리라!' 나는 엄마처럼 대답 없는 말 따위는 하지 않겠다고 다짐했다. 하지만 우리의 결혼

생활은 마치 부모님의 전철을 밟고 가는 것 같았다. 사람은 쉽게 바뀌지 않는다. '어쩌면 싸움이 되지 않을 사람과 만났는지도 모르겠구나!' 라는 생각이 들었다. 내 발등 내가 찍었다는 걸 깨달았다. 말하기 좋아하는 나는 끊임없이 말하고, 이 사람은 듣다 듣다 한 번씩 말한다. '그 얘기 이번에 하면 00번째야.'

낮에는 같은 직장, 밤에는 집에서도 같이 있으면, 할 말이 참 많을 것도 같은데, 말 없는 남자와 함께 살아야 했던 나는 심심했다. 특히 밤에는 더 그랬다. 밤이면 친구들과 몇 시간씩 전화로 만났다. 그렇게 하고 싶은 말을 쏟아내기 위해 전화기를 붙들고 있는 시간이 늘어났다.

이렇게 이야기하면 멀쩡한 여자가 이상한 남자를 만난 것 같다. 하지만, 꼭 그렇지도 않았다. 돌이켜보면, 나는 내가 하고 싶은 말만 하지 다른 사람의 말을 잘 듣지 않는 사람이었다. 누군가 나에 대해 충고를 하면, 기를 곤두세우고 싸울 준비를 하던 사람이었다. 내가 하고 싶은 것을 하지 못하면 감정을 억누르는 것이 어려웠다. 감정이 상하면 굳어진 표정으로 드러나서 분위기를 싸늘하게 만드는 사람이었다.

일 년에 한 번 친구들과 모임이 있는 날이었다. 늘 같이 있으려고 하는 남편은 일 년에 한 번뿐인 친구들 모임을 못마땅하게 여겼다. 당시 모임 몇 달 전부터 나는 신경이 예민해졌다. 아니 모임 말미에 가까워 지면 '다음 모임은 어떻게 만날 수 있을까' 라는 걱정부터 앞섰다. 어떻게 해서든 모임에 나가고 싶은데 말을 꺼냈을 때, 남편의 굳은 얼굴, 화가 나 있는 모습을 상상하면 답답하고 싫었다. 이러지도 저러지도 못하고 신경만 예민해 있었다. 결국은 마지막 모임이 있기 전날 밤에 남편에게 사정을 말했다. 답답한 마음에 뜬 눈으로 밤을 세웠다. 다음 날이 되어 친구들을 만나러 집을 나섰다. 일 년 만에 만나는 친구들과 있는 그 자리에서도 내 감정은 기쁨으로 채워지지 못했다. 인천에서 내려온 친구가 반가움을 표하기 위해 포옹하려는 것을 피할 만큼 나는 내 감정밖에 모르던 사람이었다. 친구 중 한 명은 "넌, 너밖에 몰라!"라고 말했다. 오랜만에 만난 친구가 포옹하려고 해도 감정이 상하면 그 순간이 보이지 않는 게 나였다. 감정은 여지없이 드러나고, 내 기분에 따라 주변을 기쁘게도, 짜증 나게도 만드는 사람이 나였다.

결혼하고 5년쯤 지난 어느 화창한 날, 친정 나들잇길이었다. 엄마가 보고 싶어 시동을 걸고 고속도로로 차를 올렸다. "엄마! 나 고속도로야. 집에 가니까 어디 가지 마." 친정 가는 길에 짧게 끝나야 할 전화가 길어졌다. 마지막에 전화기 너머 울먹이는 엄마의 목소리가 들렸다. 엄마는 "네가 잘살아줘서 고맙다. 결혼하고 네가 일 년도 안 되어 안 살겠다고 친정으로 돌아올까 염려했다"라고 하셨다. 순간 심장이 쿵 하고 내려앉는 소리가 들렸다. 엄마에게 나는 언제나 불안하고 걱정스러운 딸이었다.

나는 그런 사람이었다. 친구로부터 나밖에 모른다는 말을 듣는 이기적인 사람이었고, 엄마에게 결혼 생활 일 년도 못 살고 집으로 뛰어올까 봐 염려되는 딸이었다.

우리의 결혼 생활이 힘든 이유는 자신에 대해 그리고 서로에 대해 너무 모르기 때문이었다. 각자가 결혼에 대해, 자기가 추구하는 삶은 무엇인지, 인생에서 무엇을 중요하게 생각하는지 진지한 대화가 없었다. 짧은 연애 기간으로 상대가 어떤 사람인지 알 수 있는 시간이 넉넉하지 않았다. 나는 대화하고 사람들과 이야기 나누기를 좋아한다는 것을 남편은 몰랐다. 나 역시 남편은 친구도 중요하지만, 가족을 가장 우선시하고, 자기 자신보다 더 중요하게 생각하는 사람이라는 것을 몰랐다. 사랑하는 방식도 달랐다. 나는 주로 언어로 표현하는 사람이라면, 남편은 따뜻한 눈빛과 함께 있는 것으로 사랑을 표현하고 느끼는 사람이다. 나는 결혼이 내 삶의 일부분이었지만, 남편에게는 결혼이 삶의 전부였다. 사랑을 표현하는 것도, 삶에서 중요한 것도 달랐다. 결혼하고 나서 깨달았다. 우리가 할 수 있는 것은 서로 싸우고 이혼하거나, 맞춰가거나 둘 중 하나였다.

유난히 아이를 좋아하는 남편이다. 조카들을 만나면 좋아서 어쩔 줄 모르는 사람이다. 언제든 아이가 생기면 바로 낳자고 했다. 아이를 좋아하고 가정이 전부인 남편에게는 당연한 이치였으리라. 그런데, 결혼한 지 3년이 지나도 5년이 지나도 임신이 되지 않았다. 병원에서는 특별한 이유 없는 이차적인 불임이라는 말을 들었다. 인공수정과 시험관 시술을 위해 서울에 있는 전문 병원으로 다닐 때, 남편은 그가 줄 수 있는 모든 애정을 담아서 말했다.

"힘들면 안 해도 돼, 다음에 생기면 낳자"

사랑을 표현하는 방식에서도 결혼을 바라보는 생각도 우리는 달랐다. 그 사이에 있는 감정들이 시끄러울 수밖에 없었다. 그 가운데 아이도 없이 12년을 살아냈다. 우리는 완벽하지는 않지만, 삐뚤빼뚤 어딘가 구멍이 나고, 결함 있는 사람으로 만났다. 시끄러운 감정을 잠재우고, 토닥여가면서 두 사람은 세월을 이겨냈다. 어쩌면 우리가 서로를 이해하고 맞춰가는 준비가 될 때까지 아이가 우리에게 시간을 주고, 기다린 건지도 모르겠다.

1-3 기다림이 슬픔으로 변해갈 때

아이를 아주 사랑하는 남자와 내 뜻대로 살아가는 여자가 만났다. 물론 그 여자는 나였다. 나 역시 결혼 전에는 어린 조카가 예뻐서 친구들을 만나러 갈 때면 데려가곤 했다. 아이를 싫어했던 것은 아니다. 그런데 막상 결혼하고 아이는 몇이나 낳을까? 어떤 아이가 태어날까? 꿈을 꾸다 보니 초등학교 일학년 때의 내 모습이 떠올랐다.

햇살 좋은 봄날이었다. 학교가 파하고 나면 많이 놀았던 시절이었다. 당시 국민주택에 살았던 우리 집 뒤로, 돌이 채 안 되어 기어 다니던 아기가 있었다. 그 아기 엄마에게 조르고 졸라서 내가 아기를 업곤 했었다. 당시 유행했던 곱슬머리 양배추 머리 인형이 아니라 진짜 아기를 업은 나는, 진짜 엄마가 된 기분이었다. 아기를 등에 업고 살글살금 걷다가 뛰어도 보고, 깡충깡충 뛰기도 했다. 그렇게 해주니 어느 아기가 좋아하지 않을까?

그렇게 여러 날이 지났다. 아기를 업고 다니는 게 익숙해진 무렵 사고가 났다. 8살 여자아이의 엄마 놀이는 사실 불안하다. 조금 익숙해졌다 싶으니, 걸음걸이도 편해지고 긴장도 풀린다. 아기가 포대기에 둘러싸인 체 곤히 잠들어 있던 그 봄날 오후에 나는 발을 헛디뎠다. 내가 걷고 있던 길은 당시 1m가 좀 더 되는 언덕길이었다. 언덕 아래로 떨어지는 순간 아기를 온몸으로 감싸 안은 덕분에 아기는 아무 이상이 없었고, 나는 찰과상 정도로 끝나는 사고였다.

당시 주변에 있던 어른들로부터 아기를 보호하려고 몸을 돌렸던 나의 행동에 칭찬과 격려를 들었지만, 엄마로부터 다시는 남의 집 아이를 업고 다니지 말라는 꾸중을 들었다. 다행히 큰 사고는 아니었다. 그러나 그날의 기억은 별나게 놀았던 내 어린 시절의 단편 중에 유난히 깊게 남아 있다. 기억하면 심장이 쿵쾅거리는 장면이다.

그랬던 것이 신혼 초 아기에 관한 이야기를 나누면서 다시 그 심장 뛰던 쿵쾅거림이 미세하게 들렸다. 아기가 다칠 수도 있었던 그 기억이 떠올랐다. 나는 '좋은 엄마가 될 수 없을 것 같다'라는 걱정이 앞섰다. 아직 결혼 안 한 친구도 많은데 생기면 천천히 낳자. 출산을 서두르겠다는 생각은 마음속 깊은 서랍 속에 넣어 버렸다.

내 나이 서른이 되어갈 무렵, 친구들이 모임에 하나둘씩 아기들을 데리고 나오면서, 불안이 엄습했다. '왜, 안 생기지?' 서두르지 않았지만, 피임도 하지 않았다. 자연스럽게 생겨야 할 아기가 생기지 않았다. 서두르지 않아도 된다던 남편이 "함께 병원을 찾아보자"라는 내 말에는 흔쾌히 동의했다.

온갖 검사를 다 했지만, 특별히 이상이 있는 몸은 아니었다. 이런 경우가 많다는 이야기만 의사가 전해 주었다. 배란기에 맞춰서 노력하라는 의사의 권유를 들었지만, 우리의 노력은 별 성과를 거두지 못했다. 다행히 시댁에서 남편은 장남이 아니었고, 시부모님께서도 기다리셨겠지만, 내색하지 않으셨다. 친정에서도 요즘은 아이에 목숨 거는 시대 아니라고, 마음 편히 가지라고 얘기해 주었다. 돌이켜 보면 내가 편한 대로 받아들인 나 위주의 해석이었다. 덕분에 나는 애타는 마음과 어른들께 죄송한 마음을 내려놓고 결혼 생활을 이어갔다.

그렇게 결혼 5년 차, 나는 30대 초반을 달려가고 있었다. 특히 명절이나, 친구들을 만났을 때 아이들을 보면 사랑이 가득한 남편의 얼굴이 보였다. 그러면서도 괜찮다. 더 기다릴 수 있다고 말하는 남편에게 미안해지기 시작했다. 잊고 지냈던 병원을 다시 알아보고 용하다는 철학관도 찾아다녔다. 막연히 기다리기보다는 의료기술에 기대기로 했다.

아빠가 되고 싶다는 마음을 꾹꾹 누르고 있는 남편이다. 내 나이 서른두 살. 인공수정과 시험관 시술 중에서 선택하기로 마음먹었다. 그렇게 우리는 서울에 있는 차병원을 찾아갔다. 검사가 다시 또 시작되었다. '이번엔 아빠가 되게 해줄게. 기다려.' 몸은 힘들고 불편했지만, 자부심이 느껴졌다. 엄마가 될 생각을 하니 좋았다. 새벽 첫 버스를 타고 서울에 도착하면 10시쯤 진료받고, 창원으로 내려왔다. 인공수정과 시험관 중에서 선택하라니, 나는 한 번에 끝낼 수 있도록 시험관 시술을 선택했다. 더는 기다리고 싶지 않았고, 하루빨리 엄마가 되고 싶었다.

배에 주삿바늘을 찔러야 했다. 그때마다 '당신, 힘든데 그만하자.'라는 말을 수없이 했던 남자였다. 안타까워하는 남편을 보자니 내가 더 마음이 쓰여 내 손으로 주삿바늘을 찔렀다. 몇 번의 시험관 시술이 실패로 돌아가는 동안, 나는 좌절보다는 오기가 생겼다. 주삿바늘로 찌르는 것도 익숙해졌다. 내가 커다란 일을 해내는 사람처럼 보였다. 어쩌면 당시, 엄마가 되고 싶다는 마음보다 남편의 인내와 사랑에 대한 고마움이 더 컸던 것 같다.

이렇게 병원에 다니는 내게 주변의 위로와 격려는 끊이지 않았다. 3번째 시험관 시술하면서 이제 끝날 것 같다는 기대가 들었다. 그렇게 내 예상에 따라 수정이 되었다. 조심 또 조심해야 했는데, 그런다고 했는데, 아기가 숨을 쉬지 않았다. 내 잘못이었다고 자책하며 울고 또 울었다. 숨을 쉬지 않는 아기, 내게 온 생명을 지워내야 했다. 나는 죽어간 그 생명에 대한 미안함과 내가 더 많이 기다리고 더 많이 사랑하지 않은 죄책감에 빠져들었다. 아기는 더는 없다고 생각했다.

서로 말은 하지 않았지만 우리는 너무 지쳐가고 있었다. 기다림이 슬픔으로 변해갈 때쯤, 우리는 아이에 대한 기대를 지우기로 했다. 살아내기 위해 그래야만 할 것 같았다.

1-4 새끼 코끼리

2010년 여름 언니들과 인도에 갔다. 여행지에서 대리석을 깎아 만든 코끼리를 보았다. 새끼 코끼리를 몸속에 담고 있는 커다란 코끼리 한쌍이었는데, 시선을 돌릴 수가 없었다. 한참을 그러고 있으니, 지배인이 다가와 "임신이 안 되는 사람들이 많이 가져가요."라고 말해주었다. 귀가 번쩍 열렸다. 이 말에, 이번 여행은 엄마가 되기 위한 신의 뜻이라는 의미를 내게 부여했다. 운명 같았다. '한국까지 가져갈 수 있을까? 가다가 깨지기라도 하면 어쩌지?' 라는 걱정을 안고서도, 이건 내 운명이라 생각하니 결국은 잘 될 것 같았다. 소중한 코끼리 가족을 여행에 동행시켰다. 무더운 인도 여행에서 온몸이 땀에 젖는 것도 잊을 만큼, 소중한 보석을 안고 보냈다. 여행 내내 코끼리 쌍이 깨지기라도 하면 다시는 엄마가 될 기회가 없을 것처럼 긴장하며 여행했다. 여행길에 숙소가 달라질 때마다 여행용 가방에 옮겨 다녀야 하는 작업도 고되지 않았다. 한 쌍의 코끼리 무게가 내 마음의 설렘만큼 크지 않았다. 그리고 2010년 겨울, 나는 진짜 엄마가 되기를 고대하며 기다리고 있었다.

'축하합니다. 임신하셨어요.' 라고 했다. 세상에서 가장 멋진 축하였다. 마지막 기회라는 간절한 마음 끝에 시도한 시험관 시술에서 아기가 있다는 말을 들었다. 너무도 작은 한 점 같은 아기의 모습은 감동이었다. 서울에서 창원에 있는 남편에게 전화하면서, 울지 말자고 해도, 자꾸 눈물이 났다. 남편 역시 두 눈에 눈물을 머금고 흐느끼며 감동을 주체하지 못했다.

2011년 찬 기운이 가득한 봄에 입원했다. 식욕 좋아 평생을 입맛 없어 굶었다는 소리 해 본 적 없던 나는 입덧으로 병원에 누워있었다. 입덧도 내게는 훈장 같았다. 엄마 코끼리 배 속에 있던 새끼 코끼리처럼 내 배 속에는 생명이 자리 잡고 있었다. 나는 위대한 엄마 코끼리 같았다. 유난을 떨어도 될 테지만, 그때 이후 배 속의 아기는 더는 나를 괴롭히지 않았다. 신기하게도 평소 즐겨 먹던 콜라, 맥주, 치킨도 생각나지 않았다. 그것들은 내 마음에는 음식이 아니었다. '먹고 싶다' 라는 생각조차 떠오르지 않았다. 그렇게 아기는 규칙적이지 않은 식습관을 바꿔주고, 나쁜 음식은 섭취 못 하도록 나를 제어하는 듯했다. 아기는 나이 든 엄마의 몸을 건강하게 만들어 주고 있었다. 결혼 이후, 최고의 몸 상태였다.

나이 서른여덟 살에 임신으로 배가 나온 내 모습은, 세상없이 예뻤다. 내 외모를 처음으로 아름답게 만들어 준 '엄마'라는 이름으로 내가 해야 할 새로운 일의 목록을 만들었다. 조카들을 위해 부러운 마음으로 샀던 아기용품들, 배냇저고리를 내 아이를 위해 샀다. 혹시나 아이가 날카로운 손톱으로 피부에 생채기를 낼까 봐 손에 씌워줄 손싸개이며, 양말을 샀다. 아기 딸랑이, 아기가 바라보며 호기심에 빠지게 할 모빌, 유모차, 우유병 등 쇼핑 목록은 끝도 없었다. 평소 내게 필요했던 것들을 사기 위해 돌았던 의류 가게가 아니라 아기용품점을 돌아다녔다. 세상에서 가장 멋있는 쇼핑이었다. 내 것이 아닌 것을 사면서 이렇게 행복했던 경험이 있었을까, 이렇게 뿌듯했던 경험이 있었을까, 처음으로 온 마음을 담아 행복한 쇼핑을 했다. 아무리 해도 지치지 않는 쇼핑이 있다는 것을 그때 처음으로 경험했다. 그 작고 신비로운 물건들을 손에 올려놓으면 눈물이 났다.

믿을 수 없을 만큼 커다란 행복 속에서 걱정이 생겼다. 날이

갈수록 걱정은 커지고 있었다. 아이는 어떻게 키우지? 어떻게 낳지? 아플 텐데, 잘 견딜 수 있을까? 아이는 손가락, 발가락이 모두 10개씩 맞을까? 하나가 적거나, 많으면 어쩌지?

쌓여가는 걱정에 전화기를 들고 엄마에게, 언니들 혹은 아는 사람이면 누구에게나 물었다. 평범한 아기의 출생은 내 인생 최고의 화두였다. 왜 안 그렇겠는가. 세상 걱정 없이 사는 사람이라고는 해도 12년 만에 찾아온 임신이다. 노산에 가까운 나이다. 배 속에 아기는 잘 자라고 있다고 하지만, 내 눈앞에 있는 것도 아니다. 멀쩡한 사람들도 잘못될 수 있다는 증거 자료들과 노산의 출산이 가진 위험 사례만 들렸다. 무엇보다 첫 번째 임신에서 아이를 잃어본 경험이 있다. 잊고 있었던 경험까지 합세하였다. 내 평생 이렇게 어마어마하게 많은 걱정이 한꺼번에 밀어닥친 적은 처음이었다.

답이 없는 걱정으로 엄마부터 시작해 결혼해서 출산한 사람이면 누구에게나 전화를 걸었다. 묻고, 불안을 혼자서 풀어놓으면 위안과 다독임을 받았다. 정신 차리고 보면, 아무 문제 없다고 스스로 말했다. 그러다 어느새 혼자서 알 수 없는 불안으로 내 걱정은 풍선을 불고 있었다. 걱정으로 불어넣은 마음에 힘을 빼라는 신호를 주면서 바람 빼기를 계속했다. 닥치지 않은 불안에 휩쓸리지 않기로 했다, 그렇게 주변 사람들에게 묻고 답을 찾아가면서 임신 초기 위험할 수 있는 시기를 보냈다.

남들보다 신혼 기간이 길었고, 늦은 나이지만 우리는 아이를 품에 안을 수 있었다. 내 뱃속에서 아이가 자라고 있다는 것은 신비로움이었다. 나는 아기를 품에 안는 어마어마한 일을 맞이했다. 내 품에 온 아기는 경이로움이었다. 이 순간에 비한다면 아기가 내 품에 안기기 전의 과정은 아무것도 아니었다. 긴 시간 아이를 기다려 온 남편의 마음은 또 어땠을까?

"옷도, 신발도 하고 싶은 것 있으면 뭐든 해!"라는 말을 아내에게 입에 달린 듯 말하면서, 자기에게는 돈 한 푼 쓰는 것도 아깝다는 사람이다. 그런 사람에게 제 자식이 생겼다. 아기를 바라보는 눈빛, 음성, 손길 그 모든 것들이 '불면 날까 쥐면 꺼질까' 하는 옛말처럼 진귀한 보석 이상의 귀한 존재로 아이를 대했다. 어쩌다 만나 결혼한 아내, 우리는 서로 타인이었다. 그런 아내에게도 온 정성을 다하는 사람이 아빠가 되었다.

"여보, 고생했어." 이 말은 임신 소식을 들은 남편이 내게 말했다. 아이를 기다리는 마음을 꼭 누르고 "힘들면, 안 해도 돼"

라고 말하던 남편, 단 한 번도 '병원 가자' 라고 말 한마디 안 하고 참아준 남편에게 '고생했다' 라고 말해주고 싶었다. 지금에야 한다. "여보, 고마워. 기다리느라 고생했어."

버츄카드에서 사랑은 가슴을 채우는 특별한 감정이라고 한다. 결혼하고 아이가 생기기까지 12년이었다. 그 시간 동안 우리는 때론 서로에게 실수하고 상처도 내고 아프게도 했다. 실망하는 시간도 있었다. 때로는 '상대에 대한 감정이 옅어지는 것은 아닐까?' 라는 생각도 했다. 시간이 지나 우리에게 아이가 찾아오고서 알게 되었다. 그 모든 시간은 서로에게 모난 부분을 깎아내는 작업이었다. 모난 구석이 너무 커서 깎아내는데 아픔이 큰 날도 있었다. 12년은 서로의 모난 자리에 다치지 않도록 뾰족한 부분을 둥글게 만드는 데 걸린 세월이었다. 티격태격, 마음이 오르락내리락했던 감정은 두 사람이 멀어지는 시간이 아니었다. 서로에게 다가서기 위한 시간이었다. 때로는 깎이지 않는 못은 살짝 피해 가고 덮어주면서 받아들이기도 했다. 우리는 사랑이라는 이름으로 상대를 가슴에 채우고 있었다. 둥글게 다듬어진 곳이 사랑으로 가득 차자 작은 천사가 자리를 잡았다. 시현이는 그렇게 우리에게 찾아왔다.

1-5 배움의 의미

막 봄이 시작되어 봄놀이 가기 좋은 날들이 이어지고 있었다. 태어난 지 만 6개월이 다 되어가는 아이와 봄 햇살 보러 가기 좋은 날이었다. 아기는 침대에 누워 세상을 만나고 있었다. 그런데 아기가 세상 가장 맛있는 음식을 먹는 것처럼 손가락을 빨고 있었다. 그 모습을 보며 순간 당황했다.

당시 주변에 가깝게 지내던 친구가 있었다. 친구의 가장 큰 고민이 손가락을 빠는 유치원생 아들이었다. 친구에게 들은 얘기가 생각났다. '지나치게 손가락 빨면 상처에 손가락이 휘어질 수도 있다. 지문이 닳아 없어지기도 한다. 그러니 빨간약을 손가락에 바르거나 손가락장갑을 씌우기도 하지만, 쉽게 교정되지 않는다' 는 것이었다.

주변에 있던 언니에게 물었다. "언니, 시현이가 손가락을 빨아요. 어떻게 하죠?" 내가 얻은 답은 내가 알고 있던 상식과 같았다. 손가락 빠는 것은 나쁜 것이고, 크면 고치기 힘드니, 일찍 못 빨게 해야 해. 내가 알고 있던 결론을 다시 다짐처럼 확인을 한 것이다.

지금에야 말도 안 되는 소리지만, 당시 내게는 그것이 정답이었다. 직장에서 일하고 있는 남편에게 전화했다. "여보! 큰일 났어. 시현이가 손가락을 빨아. 어쩌지?" 손가락 빠는 걸 빨리 교정해 주어야 하는데, 방법을 모르겠다고 했다. "당신이 집에 오면 시현이한테 말해줘!"라고 남편에게도 도움을 요청했다.

세상없이 걱정만 많던 무지한 엄마는 세상에 대한 정보를 그 흔한 스마트폰 검색조차 시도하지 않았다. 내가 알고 있는 것이 맞는지, 확인 전화로 끝냈다. 퇴근하고 집에 온 남편은 아이에게 진지한 눈빛과 목소리로 말했다. "시현아, 손가락 빨면 안 돼." 그리고 아기는 손가락을 빨지 않았다. 어딘가 불편해 보였지만 잘 웃어주고, 잘 먹으니 괜찮았다. 그렇게 1주일쯤 지난 어느 날 커다란 망치로 내 머리를 치는 듯한 광경을 목격했다.

젖 먹을 시간이 되어 젖병을 들고 아기를 찾았는데, 아기가 손가락을 빨고 있었다. 내 눈과 아기 눈이 마주쳤다. 기막히게도 아기는 그 짧은 팔이 휭~, 입에서 빠져나왔다. '뭐지?' 놀란 눈으로 아기를 보았다. 아기의 눈은 멈추어 있었다. '아! 잘못 본 게 아니었어. 뭔가 잘못되었어.'

이후 아기는 손가락을 빨다가 엄마와 혹은 아빠와 마주치면 손가락을 급히 빼는 모습을 보였다. 뭔가 잘못됐다는 의심과 불안이 내게 쌓여가고 있었다. 그때야 책을 찾고, 스마트폰으로 검색했다. 나는 몰랐던 사실이 인터넷에 있었다. 이 시기 아이는 빨고, 씹고, 깨무는 행동을 통해 쾌감을 느낀다고 했다. 나는 그런 사실을 찾아보지도 않고 금지했다. 본능적인 욕구를 해소하지 못하고 억눌렸을 땐 오히려 역효과가 날 수도 있다. 아이가 잘못된 것이 아니라 엄마인 내가 잘못하고 있었다.

"시현아 괜찮아. 손가락 빨아도 돼. 엄마가 아빠가 미안해." 라고 말과 눈빛으로 허용하고부터 아기는 무섭도록 맛있게 손가락을 빨았다. 그렇게 우리의 봄은 커다란 숙제를 남겨주며 깊어지고 있었다. 찬란한 봄 햇살 속에 아기와 함께 있어도 내게는 해결해야 할 숙제로 인해 무거웠다.

'나는 어떤 엄마인가? 어떤 엄마가 되고 싶은가?' 엄마가 되고서도 진지하게 고민하지 않았다. 아기가 6개월이 되어 고민하기 시작했다. 결혼과 출산이 있었다. 그 이후 이때가 내 인생 최고의 전환기에 들어가는 시기였다.

고민하기 싫어하고, 몸이 힘든 건 더 싫고, 희생정신은 눈을 씻고 찾아봐도 없는 나는 처음으로 이상적인 엄마의 모습을 생각하고 있었다. '아기를 위해 무언가를 해야겠다.' 무지한 엄마는 아기에게 해를 준다는 깨달음을 통해 공부를 결심했다. 책을 펼쳐서, 인터넷을 선생님 삼아서 공부했다. 아기를 키우다 보면 열이 나기도 하고, 토하기도 한다. 예상치 못한 일들이 생길 때마다 전화기가 아니라 책과 인터넷을 선생님 삼아서 아기를 키우고 있었다.

우리가 봉착한 새로운 문제. 도구는 하나인데, 그 속에 무수히 많은 정보의 홍수 속에서 아기 열 내리는 것조차 무엇이 정답인지 찾을 길이 없었다. 열을 내리기 위해 창을 열어야 할지, 양말을 신겨야 하는지 벗겨야 하는지, 두부를 아기 피부에 붙여서 열을 떨어뜨리라는 정보에다 두 손으로는 해낼 수 없는 요법들이 너무나 많았다.

인터넷에 떠도는 각종 정보에서 헛다리 짚고, 방향 잡지 못하고 헤매었다. 결국, 내가 전문가가 되어야겠다고 다짐하고 그해 방송통신대학 유아교육학과에 입학 원서를 냈다. 어느 길로 가더라도 나는 좋은 엄마가 되어야겠다는 다짐이 행동을 끌어낸 것이다. 아이에 대한 책임감이 일생 공부하는 걸 좋아하지 않던 나를 공부하도록 만들었다. 학교에서 공부해야 좋은 엄마가 될 수 있다고 착각했다.

격렬하게 공부하고 장학금으로 학비를 냈다. 학교에서 돈이라는 것을 받아본 것도 처음이었다. 나는 처음으로 공부라는 것을 제대로 해봤다. 아이를 키우면서 유난 떤다고 생각했던 제1호가 남편이었다. 남편에게 의논이 아니라 통보식으로 던져 놓고 공부하기 시작했다. 나를 보는 남편이 곱지 않았다. 남편은 나에게 이렇게 얘기했다. "집에서 아이나 잘 돌보지. 굳이 나가서 공부하겠다고?" 아이에게 혹시나 소홀하게 대할까봐 불편해했고, 아기가 어디 잘못되기라도 할까 불안했던 것 같다. 굳이 좋은 엄마가 되는 데에 이렇게까지 하는 내가 이해되지 않았을 수도 있다.

어쨌든 남편은 시험 기간에 도서관에 가겠다고 하면 예전처럼 무언으로 시위했고, 나는 그렇게 살얼음판 속에서 공부해나갔다. 그리고 무지했던 나는, 유아에 대한 상식과 깊이 있는 교육적 자료들을 배워나갔다. 남편의 눈치 속에 공부했고 아이는 아동에 관한 교육 자료들에 맞추어 양육했다. 책 속에는 길이 있었고, 아이를 어떻게 양육해야 할지 명확한 방향이 제시되어 있었다.

한번 시작한 공부는 끝이 없었고, 그제야 나는 배움의 의미를 알아갔다. 좋은 엄마는 책으로 공부해야만 가능하다는 생각을 차츰 내려놓았다. 아기의 성장 과정은 책에 적혀 있던 꼭 그대로가 아니었다. 아이마다 속도가 다르고 기질이 달랐다. 책 속에 길은 있지만, 어느 길로 갈 것인지 내가 선택해야 했다. 진정한 배움은 삶과 떨어진 것이 아니었다. 배움은 삶 속에 있었다.

1-6 눈치 보는 아이, 전쟁하는 엄마

신생아 시기 아이는 순해서 젖 달라고 보채지도 않고, 기저귀 갈아달라고 울지도 않았다. 아기가 신호를 주지 않으니 시간 맞춰서 젖을 주고, 기저귀도 갈아 주었다. 단지 내가 자주 그때를 잊어버리곤 했다. 어느 날은 기저귀를 너무 오래 채워 놓은 적이 있다. 오줌에 흠뻑 젖은 기저귀로 바지가 아래로 쑥 내려와 있었던 적도 있다. 그런데도 아이는 잘 자라고 있었다. 당시 내가 가장 많이 들었던 말이 "시현이 같은 자식은 10명도 한 번에 키울 수 있겠어."였다. 그랬다. 나는 내가 원할 때, 정해진 대로 아이를 챙겨 주고, 내가 원할 때 예뻐해 주고 안아주는 세상없이 편한 엄마였다.

아이가 첫돌이 지나자 환경이 많이 달라졌다. 아이의 활동 반경이 넓어지고 한시도 눈을 뗄 수 없었다. 침대에 누워있을 때가 가장 좋았다. 그래도 이즈음, 유아교육을 막 공부하기 시작한 시기라 아이의 성장 모습을 교과서와 비교하며 돌보는 기쁨도 있었다.

아이는 세상을 탐험하면서 손가락 빠는 것도 잊고 있었다. 아기가 인형 같은 손으로 장난감을 쥐고, 입으로 가져가는 모습을 지켜보며 행복했다. 엄마로부터 아기가 태어나기 전에 "아이를 울리지 마라"라는 말을 들었다. 아이마다 기질이 다르지만, 시현이는 잘 울지 않았다. 아이의 생리 욕구를 채워주고 아이가 하는 바를 그냥 두고 보았다. 나는 아이가 울 일을 만들지 않으려고 노력했다.

아이는 휴대전화를 달라거나, 위험한 놀이를 하겠다고 조르지 않는다. 아이가 바라보는 세상에서 호기심을 채워가는 것뿐이다. 날카롭거나 길고 뾰족한 것들은 미리 없애고 아이를 내버려 두었다. 아이는 마음껏 집안을 활보하고 다녔고, 나는 내가 하고 싶은 일을 하면서 아이를 양육했다. 돌이 지난 아이를 돌보면서 하고 싶은 일을 했다고 이야기하면 무성의한 엄마, 아이를 제대로 돌보지 않는 엄마처럼 여기는 사람들도 있겠지만 아이가 그만큼 순했다.

아이가 무던하기도 했지만, 나의 신경이 예민하지 않은 때문일 수도 있다. 보통은 장난감으로 놀다가도 곧 아이들의 호기심은 익숙하지 않은 환경으로 눈을 돌렸다. 화장대를 엎고 놀고 있으면 감사한 일이다. 새로운 놀이에 빠져있을 때면 아이는 내게 10분 이상의 시간을 주기 때문이다. 자유를 누리는 시간이 길어도 정리하는 데는 5분도 안 걸렸다. 굳이 아이를 제지하느라 '아이와 싸우지 않는 것'이 내가 터득한 육아 방법이었다. '마음껏 너 하고 싶은 대로 하렴, 그동안 엄마도 하고 싶은 일을 할게.'

아이도 나도 각자의 시간을 갖거나 같이 놀면서 영유아기를 즐기고 있었다. 당시 아이를 키우면서도, 공부하는 엄마로 살아가기 위해 먼저 해야 할 것이 있었다. 아이가 잘못될까 하는 내 안의 불안을 내려놓기였다. 공부하면서 얻은 가장 큰 혜택은 아이가 잘못되거나 다칠 수 있다는 불안을 어느 정도 극복할 수 있었다는 점이다.

무엇보다 육아에 가장 큰 가르침을 주었던 것은『야누슈 코르착의 아이들』이라는 책이었다. 저자인 야누슈 코르착은 의사였으며, 아동학자이자 보육원 원장이기도 했던 폴란드 출생 유대인이었다. 책에는 이런 얘기가 나온다.

컵이 깨지는 순간 아이는 새로운 세상을 봅니다.
아이는 아직 모든 것이 낯섭니다.
바닥에 컵을 떨어뜨립니다.
그러면 이상한 일이 일어납니다.
컵이 사라지고 전혀 다른, 새로운 물체가
그 자리에 나타나는 거예요!
아이는 몸을 구부려 그 조각을 집습니다.
그러다 손을 베 피가 납니다.
세상은 신비롭고 놀라운 일들로 가득합니다.

『야누슈 코르착의 아이들』 중에서

내가 세상에서 듣고, 읽었던 어떤 가르침보다 당시 와닿았던 시였다. 시를 읽고 또 읽고, 필사했다. 아이에게 '안돼!'라는 말은 할 수 없었다. 한 번은 저녁밥을 짓기 위해 4인분의 쌀을 씻어서 불리기 위해 담아 놓은 그릇이 식탁 위에 놓여 있었다. 아이가 장난감에서 벗어나 어지러운 거실을 돌아다니다 은빛으로 반짝이는 불린 쌀이 담긴 그릇을 본 것이다. 아이가 어떻게 하는지 궁금했던 나는 팔을 내미는 아들에게 쌀 그릇을 줬다. 바닥에 두고 양손으로 찰방찰방 쌀 속에 손을 담그고 놀았다. 그러다 다른 장난감을 주면 아이는 곧 관심을 돌리곤 했다.

이날은 다른 장난감으로 관심을 돌리기 전에 아이가 쌀 그릇을 뒤집어엎었다. 주방과 거실을 사이에 두고 젖은 쌀은 바닥에 흩뿌려졌다. 그릇에 담겨 있던 물은 넓게 퍼져나갔다. 아이의 놀라운 표정과 즐거움이 가득한 얼굴을 보면서 예상했던 일이 벌어졌구나 싶었다. 아마도, 이날 아이는 '세상은 신비롭고 놀라운 일들로 가득' 하다는 것을 발견했을 것이다.

'아이가 원하는 것을 하게 해준다.' 이것이 아이를 울리지 않는 방법이라는 걸 직접 경험하며 터득했다. 아이는 원하는 일을 했고, 나도 짬짬이 내가 하고 싶은 공부를 했다. 나는 엄마 역할을 통해 아이에게 새로운 세상을 보여주었다. 아이가 원하는 것을 모조리 받아주면 안 된다는 건 아이를 키워보지 않은 사람도 안다. 해서는 안 되는 것에 대한 경계도 있다.

가족과 현대백화점에 간 적이 있다. 첫 돌을 앞두고 아이 가을 재킷을 사기 위해 방문했다. 아이는 엄마, 아빠의 손을 잡고 백화점 구경에 빠져있었다. 처음으로 엄마 품에 안기지 않고 에스컬레이터를 서서 탔다. 엄마의 손을 잡지 않고도 아장아장 걸어 다닐 수 있는 나이였다. 동네의 잔디밭이나 아파트가 아니라 낯선 공간에서 아이는 신기함에 빠져있었다. 그 모습을 지켜보며 따라다니는 것만으로도 행복했다. 호기심을 품고 새로운 세상을 향해 한발 한발 내딛는 아이의 모습은 세상에서 가장 예뻤다.

그 예쁜 아이가 아장아장 걸어서 찾아간 곳은 에스컬레이터였다. 올라오는 에스컬레이터를 보며 내려가려고 발을 내디뎠다. 위험한 순간, 아이 손을 잡아서 안 된다고 가르쳤다. 에스컬레이터에서 올라오는 사람들의 모습을 보여주며 위험하다고 했는데, 아이는 떼를 썼다. 그러다 아이는 백화점 바닥에 주저앉았다. 처음 있는 일이라 나는 어찌할 바를 몰랐다. 화가 난 표정으로 앉아 있는 아이를 보며 아이가 소리 내 울까 봐 다그칠 수도 없었다. 그냥 내버려 두었다. 시간이 가도 아이는 변함이 없었다.

"시현아, 네가 이렇게 앉아 있으니까 사람들이 너를 쳐다보는데 괜찮니?"라고 말했다.

왜 이렇게 말했을까? 아이가 백화점 바닥에 앉아 있고 사람들이 바라보는 시선이 나는 불편하고 싫었던 것 같다. 빨리 이 상황을 정리해서 다른 사람에게 불편을 끼치지 않도록 하는 것이 우선이라고 생각했다. 그리고 나의 말과 동시에 아이는 주변을 두리번거리더니 바로 일어났다. 상황은 곧 정리되었다. 내게 닥친 문제를 잘 해결했다고 믿고 그 후로도 계속해서 믿고 있었다.

지금에야 아이가 바닥에 주저앉은 이유를 알 것 같다. 아이는 자기가 원하는 것이 좌절된 것에 대한 슬픔 때문에 일어설 수 없었던 거다. 마음이 아픈 아이에게 좀 더 다정한 말로, 심정을 헤아려 주지 않았던 그때 내가 후회스럽다. 꼭 안아주고 달래주면 좋았을 텐데, 내 행동을 자책한다. 타인을 의식해서 빨리 일어나길 바란다는 나의 마음을 아이에게 심어주었던 엄마였다. 아이에게 더 상냥하고 다정하지 못했던 나의 모습을 이제야 보았다. 나는 좋은 엄마가 되기 위해 열심히 공부했고, 책처럼 키우고자 애써왔다. 내가 지나왔던 시간 동안 미처 깨닫지 못했던 순간들이 많을 거다. 이 사건처럼 아이의 무의식에 남도록 상처를 준 일이 또 있을 것이다. 책이 정답처럼 보였지만 실은 사람이 답이었다. 내 아이를 살피는 게 먼저였다.

시현이는 타인에게 실수할까? 불편을 끼칠까? 우려하는 아이다. 자기의 행동이 누군가에게 흉이 되거나, 불편을 끼칠까 부단히 조심한다. 타인을 의식하는 아들을 보면서 '어린애가 왜 이래?' 라는 물음표를 늘 가지고 있었다. 가끔은 아이의 무의식 속에 남아 있었을 '이날의 사건 때문인가?' 하고 스스로 묻는다. 성장기 아이를 바라볼 때면 그날 내 행동이 후회스럽다.

1-7 눈물도 아까워

12년이었다. 1999년 결혼하고 2011년 엄마가 되기까지 기간이다. 4살 나이 차는 궁합도 안 본다던 남자와 결혼했다. 하지만 나는 불만투성이였다. 그리고 우리 가정의 모든 갈등의 이유는 남편이라 믿었다. 남편이 변하지 않으면 더 나은 삶이란 없다고 생각했다. '나는 준비가 되어있어. 당신만 변하면 돼!' 라며, 남편이 모든 문제의 원인이라고 여겼다. 이 생각은 아이가 태어나서도 한참을 따라다녔다. '나는 잘할 수 있을 거야. 아이에게 필요한 것은 뭐든 다 해줄 거야. 남편만 문제고, 남편만 바뀌면 돼' 라고 생각했다. 그렇게 믿었다.

내가 힘들었던 이유는 이야기해도 남편이 듣지 않았기 때문이다. 가끔, "당신 그 이야기 지금 하면 몇 번째야!"라는 말로 듣고는 있다는 신호를 주었다. 그럴 때면 내 감정은 바닥을 치고 모멸감에 치가 떨렸다.

"같은 이야기를 4번, 5번 반복해서 말하면, 당신이 맞장구를 치든지, 들어주는 시늉이라도 하면서 고개라도 끄덕이든지 해야 할 것 아니야! 그게 안 되니까 같은 이야기를 반복하는 거잖아. 정신 나간 여자처럼 했던 말을 반복하는 거라고!" 공허한 메아리였다. 남편은 듣지 않았고, 우리의 대화는 단절되었다. "몇 시야?", "밥 먹자.","어디 갈까?" 일상을 살아가기 위해 하는 말과 정보를 주고받는 신호뿐이었다. 서로의 감정과 생각을 나눌 수 있는 대화가 하고 싶었다. 서로의 마음을 느낄 수 있는 대화가 필요했다. 이런 내 마음을 남편은 몰라주었고, 대화하려고 하지 않았다. 모든 것은 남편의 잘못이라며 오직 상대를 탓했다. 엄마가 된 후에도 대화에서 차이는 없었다. 아이가 있으니, 서로가 보고하고 보고받을 내용만 조금 늘어났을 뿐이었다. 내가 원하는 대화는 업무 보고가 아니었다. 결혼생활에서 할 말과 직장 상사에게 보고하는 것과는 다르지 않은가? 나는 할 일에 대한 보고가 아닌 사랑하는 사람과 공감하며 소통하고 싶었다. 내가 원하는 모습으로 바뀌어 준다면 더 이상 바랄 게 없었다.

마음의 공백을 달래기 위해 아이에게 집중했다. 나는 아이를 키우는 데에 온 마음과 시간을 쏟았다. 12년 묵은 남편과의 갈등은 그대로였다. 임신으로 경제 활동을 모두 멈춘 상태에서 내가 할 수 있는 유일한 기쁨은 무언가를 배우는 것과 그에 맞춰서 아이의 성장을 보는 것이었다. 아이를 키우기 위해 정말 많은 공부를 했다. 아이가 어린이집에 가고 없는 내 일상은 배움에 꽂혀 있었다.

아이가 다섯 살 되던 해에 하브루타를 만났다. 질문으로 대화하는 하브루타 덕분에 말할 기회는 늘어났지만, 나의 고민과 자존감은 더 아래로 떨어졌다. 애초에 자존감과 자존심의 차이조차 모르고 있었다. 내 자존심은 옆 사람과 나를 비교하기 시작했다. 똑똑하고 말 잘하는 사람들이 이렇게나 많은지 몰랐다. 남들과 비교하며 점점 초라하게 느껴졌다. 내 자존심의 상처가 늘어 갔다. 남편을 만나 20년 가까이 살아오면서 대화하고 싶다고 했다. 정작 대화의 자리가 만들어지자, 나는 꿀 먹은 벙어리가 되었다. 배움에 물들어가면서 아이 또래의 젊은 엄마들이나, 내 나이 또래의 성장한 아이를 둔 엄마들을 만났다. 엄마들은 책 이야기, 아이 이야기를 너무도 편하게 얘기하고 즐거워했다. 하지만 말을 못 하는 나는 즐길 수 없었다. 하다못해 일상에서 시댁 이야기조차 사람들 앞에서 말하려면 긴장해서 심장이 쿵쾅거리고, 머릿속이 하얘졌다.

그러던 어느 날, "여보, 아이 키울 때는 잘 들어주어야 한대. 강아지 똥에서 시현이가 똥 이야기만 하는 게 불편했는데, 내 생각이 잘못이었어." 남편이 듣는지는 신경 쓰지 않고 혼자 주절주절 떠들었다. 그러다 화가 나서 또 남편에게 "왜 내 말을 안 들어줘!"라고 닦달했다. 처음으로 남편이 말했다. "내가 당신에게 말할 때는 안 듣고, 당신 이야기만 하잖아. 내 이야기는 틀렸다 하고 당신만 옳다고 하지. 어떤 말을 해도 당신 뜻대로 하는데, 내가 무슨 말을 하겠어."

아! 커다란 망치로 머리를 때리는 듯했다. 그게 이유였다. 스물일곱 살에 결혼했다. 10년 이상 결혼 생활했는데도 나는 결혼 전과 별로 달라진 게 없었다. 엄마조차 뭐라 할라치면 내 편에서 먼저 '꽥' 소리를 질렀다. 나는 막돼먹은 듯 행동했고, 그렇게 성장했다. 내게 좋은 이야기가 아니라면 듣지 않았다. 친구들 이야기도 예외가 아니었다. 남편과 결혼하고 20여 년이 지나 마흔 살이 넘어서야 내가 자신밖에 모르는 사람이라는 걸 알게 되었다. 문제는 남편이 아니라 나 자신에게 있었다. 내가 어떤 사람인지 조금은 알 것 같았다.

남편이 내게 말 하지 않는 것은 당연했다. 상담사나 심리치료사가 아닌 다음에야, 누군들 자기 이야기만 하는 사람 말을 듣겠는가. 문제는 내가 나의 이야기만 하고 남편 이야기는 듣지 않는 독선이었다. 내가 타인들 속에서 이야기하지 않는 것은, 나 자신이 부족한 사람이라는 자격지심 때문이었다. 남편이 내 이야기에 귀를 기울이지 않는 것도, 내가 남들 앞에만 서면 할 말이 없어지고 긴장과 불안에 떠는 것도, 내가 원인이었다. 모든 문제는 내 안에 있었다.

그렇게 나 자신이 무엇을 하는지도, 내가 누구인지도 모른 채, 빈 껍질로 살아왔다. 나밖에 몰랐지만, 진심으로 나를 사랑하지도 않았다. 나 자신조차 나를 모르고 있었다. 독선과 아집, 타인과 비교해서 점점 움츠러드는 자존심, 나밖에 모르는 이기심만 가득한 내가 보였다. 부끄럽고 미안한 마음에 눈물조차 아까웠다. 나 자신을 사랑하지 않는 사람이 내 아이와 타인을 사랑하는 것이 가능할까? 자책의 시간이 계속되었다.

2장

늦깎이 학생

2-1 다시 대학생

햇살 좋은 봄날이었다. 어린이집 셔틀버스가 다가온다. 노란 버스는 특히 이 봄과 잘 어울린다. 버스 문이 열리고, 환한 얼굴의 아들이 아니라 어딘지 비장한 모습의 시현이다. 버스를 보내고 집으로 향하는 길에 시현이가 무거운 음성으로 단호하게 말했다.

"엄마, 나 부끄러웠어!"

부끄럽다니, 대체 무슨 말이지? 도대체, 4살짜리 아이가 부끄럽다는 말은 어디서 들었을까? 아들과 정면으로 얼굴을 마주 보며 물었다.

"시현아, 무슨 말이야?"

"오늘 친구는 물이랑 먹을 거 많이 가져왔는데, 나는 물이 없었어. 친구가 하나 줬어."

이날 어린이집에서 현장 체험학습이 있는 날이었다. 까맣게 모르고 있었다. '그래서 어린이집 차량에 아이들이 체육복을 모두 입고 있었구나.' 시현이는 혼자만 사복을 입고, 마실 물 하나 없이 친구에게 받아서 물을 마신 것이 부끄러웠다고 말했다. 아무리 사과한들 이미 아이의 마음에 새겨진 부끄러움이 없어지지는 않겠지만, 내가 할 수 있는 최선을 다해 사과했다. 나는 아이에게 부끄러운 마음이 들게 할 정도로 중요한 것도 챙기지 못하는 엄마였다.

좋은 엄마가 되겠다고 유아교육을 전공하고 학교에 다니면서도 막상 현실 속에서는 아이에게 미안한 것 투성이였다. 아이를 통해 나의 부족한 점을 볼 때면, 앞으로 살면서 얼마나 더 많은 부분에서 '아이에게 사과하게 될까?' 라는 생각이 들기도 했다. 그리고, 내가 잘할 수 있는 것이 무엇인지 고민도 되었다.

아이가 유치원을 다니기 시작했다. 내 삶의 중심에 '좋은 엄마' 라는 숙제가 있었다. 좋은 엄마가 되기 위해 내가 할 수 있는 일이 무엇인지에 대한 답을 내렸다. '아이가 배워야 할 것을 내가 먼저 공부해서 가르쳐 주자.' 였다. 내가 선택한 것은 '하브루타' 라고 하는 당시 창원에서는 낯선 부모 교육이었다.

대학에서 유아교육을 전공한 것이 엄마로서의 무지함을 해소하기 위해서였다면, 하브루타는 좋은 엄마가 되기 위한 부모 교육이었다. 당시 함께 공부했던 사람들도 좋았지만, 그보다 더 좋았던 것은, 서울 말씨를 사용하는 인상 좋은 강사 김혜경 선생님이었다.

2015년 겨울, 8주 과정으로 시작한 하브루타 마중물 교육에서 알게 된 것은 '질문'이었다. 내 삶에 질문이 없었다는 것은 큰 충격이었다. '사람에게 질문이 필요하다!' 라는 걸 그때 깨달았다. 내 정체성에 관한 확인에서부터 좋은 사람이 되기 위해서는 내가 할 수 있는 일이 무엇인지 물었다. 질문은 끝이 없었다. 질문에 대한 해답을 찾아가는 과정에서 내가 만났던 도구는 아이가 좋아할 그림책에서부터 우화, 탈무드, 책, 명화 등 주제는 무궁무진했다. 배우면 배울수록 하브루타의 매력에 빠져들었다.

질문은 '나' 라는 좁은 세상에서 갇혀 있던 나를 조금씩 벗어나게 해주었다. 다른 사람과 우리를 둘러싼 사회에 질문하고 과거와 미래에 질문했다. 그뿐만 아니라 어떻게 살아야 하는지에 대해 질문하고 답을 찾아가고 있었다. 당시 내가 함께했던 사람들과의 시간은 나를 바꿔놓았다. 지금 돌이켜보면 엄마라는 역할보다 더 중요한 '나'를 찾아가는 과정이었다. 내 질문으로 대화하는 하브루타를 만나기 전의 내 삶은 바싹 마른 나무의 영혼 없는 존재처럼 느껴졌다. 속이 비어있는 껍질밖에 없는 존재 같았다.

질문을 통해 내가 배운 것은 지식이 아니었다. 삶을 바라보는 방식이었다. 마흔 살이 넘어서 나는 관계하는 방법을 배우고 있었다. 세상과 사람에 대한 다양성을 인정하고, 나와 다른 것은 배척이 아니라 배움의 대상이라는 것을 알아가고 있었다. 내 곁에 있는 유치원생 아들은 최고의 스승이었다. 아이의 학습만큼은 엄마표로 만들어 주겠다고 시작한 나의 공부는 내 인생을 바꾸어놓았다. 그리고, 세상에서 자기가 제일 행복하다고 믿는 아들이 지금 내 곁에 있다.

이렇게 공부하는 과정에서도, 쉽게 바뀌지 않는 것이 있다. 1학년 현장 체험학습 때 일이다. 현장 체험학습이라 해도 내가 학교 다닐 때 소풍이라고 생각했다. 아이 유치원 체험학습 때처럼 김밥에 음료수 과자를 준비하며 마음이 설레었다. 아이가 가방을 열고 도시락을 꺼내어 친구들과 나누어 먹을 모습을 상상하니 미소가 가득 채워질 만큼 흐뭇했다. 준비된 간식과 김밥을 가방에 넣으려고 하니 아이 가방 속에 필통이 들어있었다. '소풍 가는데 이런 게 가방에 들어있으면 무거울 텐데 이게 왜 들어있지?' 순간 떠오른 질문은 아이에게 하지도 않고, 가방을 깨끗이 정리하고 준비한 먹거리를 넣었다.

아이를 보내놓고 식탁 위에 놓인 필통을 보니, 가방을 열어보았을 때 했던 질문이 떠올랐다. '가방이 무거울 텐데, 왜 필통을 넣었을까?', '소풍이 아니라 현장 체험학습이라고 부르는 이유는 뭐지?' 초등 1학년이라 해도 엄마가 빈틈이 많다 보니 아이는 자기가 필요한 것을 스스로 챙겨가고는 했다. 생각해보니 뭔가 잘못된 것 같았다. 급하게 담임 선생님에게 전화했다.

"선생님, 아침에 시현이 가방을 챙기면서 필통이 있었는데, 제가 무거울 것 같아 빼고 먹을 것만 챙겼어요. 혹시나 해서 전화했어요."

'아!' 하는 선생님의 한숨 소리와 "그렇지 않아도, 아이들 가방을 확인하는데, 시현이가 필통을 빠뜨려서 한마디 했더니 눈물을 글썽거리고 있어요."라고 말하는 것이 아닌가? 알고 보니, 내가 생각했던 소풍과 지금 아이들의 현장 체험학습과는 달랐다. 현장에서 기억에 남는 것을 종합장에 남기는 작업이 추가되어 있었다. 종합장은 교실 사물함에 들어있었고, 필통은 아이가 가방에 넣어 다니는 것이었다. 이후 선생님과 통화하면서, 엄마의 잘못으로 시현이를 질타했던 것이 미안하다고 했다. 나는 계속해서 아이에게 실수하는 잘못을 저지르고 있다는 이야기를 나누었다.

배우고 익히는 학습의 과정에서도 여전히 내 구멍은 쉽게 메워지지 않았다. 완벽해지고 싶지만, 때로는 노력해도 같은 실수를 반복했다. 부족함이 채워지지 않았다. 이런 엄마를 아이는 알고 있다. 그래서 아이는 스스로 준비물을 챙기는 것에 익숙했다. 자기도 잊을 때는 선생님께 꾸중 듣고, 부끄러워했다. '사람은 실수할 수 있다.'라는 것을 경험으로 배우며, "엄마, 괜찮아. 그럴 수 있어."라고 말해준다. 우리는 실수를 통해서 성장한다. 부족한 것은 그대로 인정하고 받아들이는 자세를 취할 수밖에 없다. 실수하고 돌이켜 보고 수정하는 과정을 통해 삶의 지혜를 배운다. 한 발 앞으로 내디뎠다고 생각했는데 돌아보면 그 자리처럼 여겨진다. 그러나 내가 있는 곳은 처음 그 자리가 아니다. 시간과 경험이 나를 옮겨 놓았다. 이렇게 조금씩 나아진다. 실수에 집중하지 말고 조금씩 나아진다는 것에 집중하자.

2-2 너는 어린이집으로, 나는 일터로

아이가 두 번째 봄을 맞았다. 나무들도 다시 초록빛으로 물들고 있었다. 봄의 찬 공기도 지나가고 여름이 오려나 기대하게 되는 날들이 이어졌다. 이제는 말 많은 엄마가 말을 줄이고 아이의 말에 귀를 기울여야 할 만큼 성장했다. 아이의 빠른 성장과는 비교도 안 되게 나는 조금씩 '엄마의 길'을 따라가고 있었다.

아이의 출산쯤에 새로 이사한 동네에는 아는 사람이 없었다. 아이와 둘이 친구 하며 아이에게 의지했다. 당시 살던 아파트 내에 어린이집이 있었다. 아파트를 산책하며 돌다 보면 우리는 어린이집에서 나오는 시현이 또래의 아이들과 만났다. 그렇게 많은 아이가 있다는 것이 신기했을까? 20개월이 채 안 되었지만, 아이는 엄마의 손을 끌고 어린이집으로 갔다. 또래의 유아들이 있는 곳을 따라다녔다. 그러고는 아기들이 사라진 공간에 덩그러니 남아 있는 미니 자동차며, 아이들이 탈 수 있는 것에 관심을 기울이며 한참을 맴돌았다.

학교에서 배우는 이론을 육아에 적용하고 대입하며, 아이의 성장을 지켜보았다. 신생아 시기, 뒤집기 하던 아이가 어느새 기어 다니고, 걷기 시작하면서 나의 시선을 끝없이 요구했다. 아이는 엄마가 보여주는 세상이 아니라, 자기가 찾은 새로운 세상에 관심을 보였다.

아이의 시선이 향하는 곳은 어린이집 아이들이 사라진 곳이었다. 아이는 잊지 않고 어린이집 앞마당을 찾아다녔다. 당시 내가 아이를 키우는데 이론적 토대는 교과서였다. 책에는 36개월까지는 아이를 양육하는 데 가장 좋은 사람이 엄마라고 쓰여 있었다. 그래서 아이가 몸으로 들려주는 이야기는 못 들은 체했다.

내게는 아이와 함께하는 시간이 마치 놀이하는 시간 같았다. 나에게 가장 소중한 존재, 그렇게 그리워한 존재와 이런저런 것들을 함께 하는 것이 더없이 즐거웠다. 그렇게 정신없이 엄마 놀이에 빠져있을 무렵 남편이 일을 제안했다. 남편 친구가 운영하던 부동산이 있는데 그곳에서 일하는 건 어떻겠냐고 제안했다. 남편은 장롱에서 나오지 않는 내 '공인중개사' 자격증을 사용하길 원했다.

남편은 법무사의 출입 사무원으로 일하고 있었는데, 그 일을 평생 할 직업으로 여기지 않았다. 노후에는 위치 좋은 곳에 사무실을 만들고 싶어 했다. 그 시작을 내가 먼저 만들어 주길 원했다. 부동산업은 자유로운 직업이니, 자리만 지키면서 일이 생기면 계약하고 자유롭게 아기를 양육할 수 있을 것이라 남편은 믿었다.

그때 마침 남편의 거래처이자 부동산을 하던 친구가 사무실을 인수하라고 제안한 것이다. 육아와 내가 하는 공부에 큰 지장 없이 돈을 벌 수 있을 것 같았다. 남편 친구의 사무실은 일이 많기로 소문난 곳이라 '힘들지 않을까?' 라는 고민이 들었다. 하지만 귀가 얇은 나는 고민의 시간이 길지 못했다. 24시간 아기 보기에서 벗어나 남편이 말하는 우리의 평생 직업을 가져 남편의 어깨의 짐을 나누어 주고 싶기도 했다.

아기 36개월 동안은 엄마가 가장 좋은 양육자라는 책에서 배운 지식은 내려놓기로 했다. 아기를 따라다니면서 어린이집 앞에 앉아 있는 것을 그만두었다. 사무실 인수를 위한 계약을 하고, 내 자격증을 사무실에 걸었다. 어엿한 사무실이 생겼다. 남편의 말이 나온 지 얼마 지나지 않아 어린이집 앞에 아기의 손을 잡고 서 있었다. 아이는 여름이 끝나갈 즈음 어린이집에 입성했다. 곧이어 나는 나의 부동산 사무실로 출근했다.

먼저 있던 직원을 그대로 인수하고 일을 배워갔다. 여전히 학교에 다니며 공부했고, 집이 있던 창원에서 함안에 있던 사무실까지 30분이 걸리는 곳까지 매일 출퇴근했다. 아무리 자유로운 일이라 해도 아기를 돌보며 새로 맞이하는 삶은 예상만큼 녹록하지 않았다. 사무실에 일이 많다는 것이 무조건 좋은 것만도 아니었다. 내가 자유롭기 위해서는 따로 사람이 있어야 할 지경이었다. 몸은 지쳤고, 정신적인 스트레스가 치솟았다. 때로는 저녁 늦게 계약이 잡히면 퇴근이 늦어졌다. 밤늦게 아기를 볼 때도 있었다. 공부는 생각도 못 했고, 아이 얼굴 보고 기쁨을 느끼는 시간도 줄었다.

그렇게 사무실을 열고, 1달 정도 힘든 시간을 보내고 있을 때였다. 출근하는 시간에 언니의 전화를 받았다. 당시 일하겠다고 결정하면서 친정에 의견을 묻지 않았다. 노후 준비가 필요하다는 남편의 말에 동의하면서 육아 이후, 내가 할 수 있는 일을 찾아보았지만 마땅한 것이 없었다. 특별한 기술을 가진 게 없던 내게 부동산 중개업이라는 일은 매력적으로 느껴졌다. 양 당사자 간의 의견 차이를 조정하고, 합의를 이루어 내어 계약하는 것, 사람을 좋아하는 내게는 꽤 괜찮은 일로 보였다. 그래서 시작했다. 이와 같은 이야기를 언니와 나누었다. 나의 수다는 길었고, 언니의 생각은 달랐다. 이야기를 다 듣고 언니가 애기했다.

"아, 벌써 어린이집에 보낸다고? 10년만 아이 곁에서 잘 지켜주면 엄마 노릇은 편해. 그런데 지금 10년을 놓치면 아이를 평생 책임져야 할 수 있어."

언니의 말에 따르면, 나는 10년을 놓치고 평생 아이의 뒷바라지를 해야 하는 엄마의 길로 가고 있었다. 어려서 정서적 안정과 애착이 중요한 것은 알고 있다. 하지만 맞벌이가 아니면 자녀 양육이 힘든 게 현실이다. 아이만을 바라보고 10년을 지켜주는 게 평범한 가정에서 말처럼 쉬울까? 이상적인 것에 다가가기에 현실의 벽은 너무도 냉혹하다. 게다가 우리가 자랄 때처럼 형제가 많고 주변에 또래가 많던 가정에서의 육아만으로 가능했던 시대와 지금은 너무 다르다. 20개월 가까이 아이를 끼고 있으면서, 아이가 몇 달을 찾아다녔던 곳이 또래가 있던 어린이집이다. 아이를 어린이집에 보낸 것도, 내가 직업을 갖게 된 것도 현실은 필요로 했다. 시기의 문제는 있었지만, 맞벌이가 필요한 시대를 살고 있다는 우리의 생각은 같았다.

그런데도 아이 곁에서 성장하는 모습을 보고 싶은 내 마음에 대한 가족의 지지처럼 느껴졌다. 당장 돈을 벌지 않아도, 미래를 위한 대비를 지금부터 하지 않아도 괜찮을 거라고 나에게 속삭였다. 우리 가족의 미래라고 생각했던 '일'과 '육아'와의 줄다리기에서 둘을 같이 끌고 갈 힘은 내게 없었다. 하나도 제대로 하지 못하는 사람이 두 가지를 짊어지기에는 역부족이었다. 결국, 아까워도 버릴 것은 버리고 내가 할 수 있는 일에 집중하기로 했다. 사무실을 정리하고 넘기는 결정은 시작보다 더 간단하게 끝났다. 짧지만 내가 어디에 선택과 집중해야 할지 결정하고 좀 더 몰입할 수 있는 계기가 되었다. 내가 할 수 있는 만큼만 해야 했다. 아쉬움을 뒤로하고 결정했던 이날의 선택이 내 삶을 완전히 바꾸어놓을 줄은 그때는 몰랐다.

2-3 결국, 숲 유치원

10년 동안 아이를 양육하는데 전력을 다하겠다고 마음먹었다. 학교에서 배운 내용으로 아이를 관찰하며 알게 된 것이 있다. 아이는 건물 안보다 어디로든 갈 수 있는 야외를 좋아했다. 교과서에서 얻은 지식이 아니어도 아이에게 필요한 것이 무엇인지 아이를 살펴보면 알 수 있었다. 어린이집에 안 가는 날도 현관을 나가려고 하는 아이였다. 아파트 아래 흙을 찾아다녔다. 집에 있는 장난감보다 놀이터에서 정글짐 아래에서 놀기를, 시소에 오르기를 더 좋아했다. 나는 아이가 원하는 대로 따라다녔다.

집 가까이 어린이집을 졸업할 즈음, 다음의 단계인 유치원을 선택해야 했다. 어린이집은 준비 없이 시작되었는데, 유치원은 신중하게 선택하고 싶었다. 우선 집 밖에서 움직이기를 좋아하는 아이라 밖에서 활동하는 유치원을 선택하기로 했다. 발품을 팔고 정보를 듣고 인터넷을 뒤져보아도, 대부분 야외에서 하는 활동은 일과 중에서 하나의 활동으로 정해져 있었다. 야외 활동이 주로 이루어지는 유치원을 찾는 게 쉽지 않았다. 내게는 어려운 인터넷 정보 검색과 지인 찬스를 사용해도 내 마음에 드는 유치원을 찾아내기가 어려웠다.

그러다 우연히 아는 동생으로부터 'YMCA 아기 스포츠단'을 소개받았다. 스포츠단이라니, 이름만으로도 여기라는 생각이 들었다. 위치를 알아보고 YMCA 아기 스포츠단이라는 것에 대해 알아봤다. 교실에서의 활동도 있지만, 숲 반을 운영했다. 수시로 야외 활동을 하는 것이 좋았다. 다섯 살부터 수영과 축구를 통해 아이들이 활동할 수 있는 것도 좋았다. 1박 2일 캠프라니, 다섯 살 아이가 부모와 떨어져 친구들과 캠프를 간다는 것도 신기했다. 공장 과자 안 먹기 운동, TV 안 보기 운동 등 다양하게 가정과 이어져야 하는 프로그램들도 마음을 끌었다. 단지, 마산에 있는 아기 스포츠단은 유치원 버스가 운행 중이었으나 창원인 우리 집까지는 아니었다. 내가 아침마다 아이를 유치원에 데려다주고 하원을 직접 시켜야 했다.

당시 학교 공부를 하면서 기억에 남는 것이 있다면 '아이는 잘 놀아야 한다'라는 것이다. 어린 시절 내가 잘 놀았던 시간이 그립고 돌아가고 싶은 것을 보면, 놀이는 인간 무두에게 공통적으로 중요한 부분이 아닐까 싶다. 당시 집주변에 있던 유치원과 창원에 있는 유명한 유치원들은 그런 기준에서 선택할 수 없었다. YMCA 아기 스포츠단은 내가 해줄 수 없는 것들이 제공되었다. 결국, 멀어도 아이가 잘 놀 수 있는 유치원을 선택했다.

내 아이가 소심하고 내성적인 아이라는 내 생각은 무의식 속에 사라져버린 어느 날이었다. 유치원에서 전화가 왔다. 미혼의 20대 담임 선생님이었다. "어머니" 하며 시현이에 관해 이야기해 주셨다. 최근에 시현이를 포함하여 3명의 아이가 유치원 입구 문이 열려 있었는데, 달려나가려 해서 데려다 훈육했다고 했다. 2명의 아이는 훈육과 동시에 돌아서서 교사를 안아주고 잊어버리는데 시현이는 1주일이 지나도 교사와 눈도 마주치지 않으려고 한다고 했다. '시현이는 다른 아이들과 다르다.' '아이에게 문제가 있다'라는 잘못된 생각이 나를 스쳐 갔다.

평소 유치원에서 돌아오면 예쁜 선생님이라며 얼굴을 환하게 밝히며 유치원에서 있었던 일을 이야기하던 아이였다. 그런데도 소심한 엄마였던 나는 '도대체 아이에게 뭐라고 했기에.'라고 서운한 마음도 자리 잡았다. 하지만 곧 '시현이라면 그럴 수 있다'고 인정했다. 나 역시도 시현이에게 훈육한다고 몇 마디 말이라도 하면, 시현이가 눈을 잘 마주치지 않았다. 아이 입장에서 부당하거나 화가 나면, 거리를 둔다는 생각이 들기도 했다.

시현이는 자신에게 있었던 일과, 기분을 잘 표현하는 아이다. 말하지 않아도 온몸과 표정으로 나타내지만, 언어로도 잘 표현했다. 그러했기에 아이가 실수할까에 대한 불안을 안고 있을 것이라고 짐작하지 못했다. 시현이는 주변을 밝게 만들어 주는 힘이 있지만, 내적으로 예민한 아이였다. 다섯 살 '아이가 힘들지 않을까?' 염려되었다. 자연에서 보낼 시간도 많고 신체활동도 많은 유치원이었다. 더없이 좋은 곳이었지만, 더욱 자율적인 활동, 더 넓은 울타리, 더 많은 자유가 있었으면 좋겠다는 기대를 지울 수가 없었다.

불편한 마음이 자리를 잡은 곳에 불을 지핀 것은 한 권의 책이었다. 퇴근하고 들어오는 남편이 내게 내민 것은 조갑련님의 『나는 오늘도 아이들과 숲으로 간다』였다. 이 책은 마산에 있는 <코오롱 한샘 유치원>의 '숲 반' 아이들의 실제 모습을 담았다. 유치원의 이사장이 집필했는데 책 속에 있는 사진들에서 아이들을 봤다. 하늘을 가득 담고 있는 아이들의 표정이 예뻤다. 보는 순간 '나도 저기서 놀고 싶어!' 라는 생각이 머릿속에서 일었다. 책을 처음부터 끝까지 읽고 유치원에 상담받았다. 본원도 있지만, 숲 반을 따로 운영하고 있었다. 시현이가 유치원 마치는 시간을 기다려 유치원 원장님과 약속을 잡았다. 중간에 전학해야 하는 처지라 신중해야 했다. 무엇보다 시현이는 당시 유치원에 적응하고 있었기에 더 신중하게 했다.

처음 아이와 숲에 도착했을 때는, 12월 얼어붙은 추운 겨울이었다. 숲에 이사장이 거주하는 건물 한 동과 우천 시 혹은 식사를 위한 화장실이 준비된 대피소가 있을 뿐이었다. 그야말로 유치원, 학교라기보다는 숲이었다. 그곳에 5~7세 유아들이 있었다. 아이들은 진지하고, 환한 표정으로 각자의 활동에 몰입하고 있었다. 나도 겨울 숲에서 같이 놀고 싶었다. 아이를 위한 최고의 놀이터였다. 추운 겨울 이러고 놀고, 한여름에 나무 그늘이 아이들에게는 선풍기였다. 내가 가져보지 못했던 경험을 아이에게 꼭 안겨 주고 싶었다. 첫날 겨울 숲에서 2시간가량 신나게 놀고 집으로 돌아오는 차 안에서 물었다.

"시현아, 우리가 갔던 숲이 유치원이야, 숲 유치원에서 친구들과 보내면 어떻겠니?"

"매일 산에서 놀아도 되는 거야?"

"그럼."

"오늘 만난 친구들도 또 만나?"

다음 해 봄, 6살 시현이는 숲에서 생활하기 위한 유치원으로 등원했다. 물론, 시현이는 교실보다는 숲을 더 좋아했다.

2-4 숲이 위험하다고?

나는 부족한 것이 참 많은 사람이라고 생각했다. 아이를 낳기 전에는 '나는 괜찮은 사람이야.' 라고 생각해 본 적이 없었다. 머리도 보통보다 뛰어나지 않다. 남들 모두 웃을 때도 무슨 일로 웃는지 그 의미를 파악하지 못해 멍하게 있곤 한다. 따라 웃기라도 하면 좋았을 테지만, 그러고 보면 나는 눈치도 없다. 앞서 밝힌 것처럼 타인을 나보다 먼저 배려하고 친절하게 대해주는 것에도 인색했다. 그런 나에게도 잘한 일을 손꼽아 보라면 아이를 낳아 엄마가 된 것이다. 많은 부분에서 엄마가 되기에는 부족하지만, 엄마라는 역할은 사람을 바꾸기에 충분한 직함인가 보다.

구강기를 몰라 손가락 빠는 아들을 엄하게 야단쳤던 무식한 엄마였다. 학습을 통해 내가 얻게 된 깨달음은 놀이가 아이의 몸과 마음에 넣어 줄 수 있는 최고의 양식이라고 점이다. 덕분에 매일같이 아들을 유치원으로 등·하원 시켰다. 아들이 생활했던 숲 반은 숲속에 있었다. 아침에 유치원에 데려다주면, 아이들은 다시 차를 타고 숲으로 이동했다. 어른의 걸음으로도 30분 이상 걸어서 가야 하는 숲으로 걸어서 이동하기도 했다. 때로는 걷고, 뛰기도 하면서 노래를 부르고 한 줄로 서서 숲으로 향했다. 그 길을 유치원을 졸업하고도 오랫동안 이야기했다. 숲에는 저수지가 있었고, 나무, 꽃, 숲속 동물들이 내려와 아이들과 친구가 되어주곤 했다.

당시에 살던 아파트에는 시현이와 같은 나이의 친구가 살았다. 유치원이 마음에 안 든다기에 숲 학교를 소개해 주었다. "어머, 숲이면 아이에게 좋기는 하겠지만 너무 위험해요. 벌레도 있고, 아이들이 나무에 오르기라도 하면 어쩌려고." 아이들이 있어야 할 공간은 벌레도 있고, 나무도 있는 공간이다. 다른 생명과 함께 어울리고, 나무를 오르내리며 자연에서 숨쉬기를 바라는 내 마음과는 너무나 달랐다.

주변에서 흔히 볼 수 있는 유치원은 콘크리트 벽에 알록달록 화려하게 꾸며진 구조물로 된 건물이 대부분이다. 이런 유치원에서는 여러 행사와 교육 프로그램으로 인지적인 발달을 향상해 줄 안전한 활동을 제공한다. 하지만 나는 아이가 잘 놀아야 하고, 놀이 장소는 자연이 최고라고 믿는다. 자연은 콘크리트 벽 안에서 이루어지는 어떤 교육 프로그램보다 다 많은 것을 가르쳐주는 최고의 학교라고 생각한다.

숲에는 봄이면 진달래가 피고, 여름이면 아카시아가 꽃망울을 터트린다. 자연이 아이들의 교재이며, 장난감이다. 꽃은 훌륭한 과목이다. 보기에 아름답고, 사계절 다른 꽃을 볼 수 있다. 자연의 변화를 느낄 수 있을 뿐만 아니라 맛있는 요리로도 변신한다. 아이가 집에 와서, 화전을 만들어 달라고 말하는데, 나는 먹어 본 적도 없는 것을 말하는 아이가 대견했고 기뻤다. 무더위가 찾아오면 아이들은 계곡에서 물놀이하며 더위를 났다.

가을에 유치원 아이들을 따라 숲으로 갔다. 아이가 '할아버지 나무'를 보여주고 싶다고 따라오라고 했다. 안내해 주는 길을 따라 그늘진 숲으로 더 깊이 들어갔다. 나이를 알 수 없는 오래된 나무였다. 나무에 6, 7명의 친구가 함께 올라간다고 하며 자랑스럽게 말했다. 아들 말처럼 유치원 아이들을 온몸으로 받아주는 나무는 진짜 할아버지 같았다. 오래된 나무는 하늘로 1미터쯤 자라다 줄기가 옆으로 꺾인 채 자라고 있었다. 그렇게 나무는 오랜 시간이 지나도록 그 자리를 지키고 있었다. 나무는 어른이 한 아름에 안을 수 없을 만큼 크게 컸다. 유치원 아이들이 나무에 여러 명이 올라가도 아무렇지 않게 받아 줄 수 있을 정도였다. 나뭇가지는 나무 옆에 흐르던 얕은 개울 물줄기 위로 뻗어 있었다. 많은 아이를 받아주는 넉넉한 품이 '할아버지 나무' 이름과 어찌나 잘 어울리는지, 자연에 감사했다.

겨울이면 얼어붙은 땅에 아이들은 나무 작대기로 흙을 파냈다. 포대 자루를 이용해서 미끄럼을 타기도 하고, 흙을 높이 쌓아 만든 언덕에서 미끄럼을 탔다. 경남이라 눈이 잦지는 않아도 어쩌다 눈이라도 쌓일라치면, 숲은 천국이었다. 꽁꽁 얼어붙은 손을 대피소에서 난로에 녹여가며 점심을 먹는 아이들도, 어쩌다 경험하게 된 부모들도 그렇게 즐거울 수 없다.

숲은 아이의 피부색을 다채롭게 변화시켰다. 겨울에는 조금 덜 검게, 봄부터 조금씩 검은 색조가 들어가면서 한여름이면 숲에 있는 아이들은 지금 한국에서 볼 수 있는 아이들의 모습이 아니다. 까맣다. 그렇게 변화하는 아이들의 외모만큼이나 붉게 익은 여름은, 아이들의 얼굴에서 여름이 주는 더위와 아이들이 몸에서 내뿜는 열기가 더해진다. 가까이 가면 기겁할 것 같았다. 그러다 겨울이 오면, 상상도 못 할 만큼 아이들은 차가운 피부로 흙더미 속에서 탐험했다. 때로는 잎이 다 떨어진 나무에도 오르며 온몸의 열기를 발산했다. 겨울 추위를 이

겨낼 재간은 없을 듯한데, 아이들은 온몸으로 자연에 열기를 내뿜고 겨울을 즐기고 있었다. 봄, 여름, 가을, 겨울이라는 계절을 통해 아이들을 키워낸 대자연이 최고의 스승이었다. 아이가 자연에서 계절의 변화와 같이 성장해나가는 모습을 보는 것은 나의 즐거움이었다.

한 번은 아이를 하원 시키기 위해 유치원으로 찾았는데, 엄마들이 모여 있었다. 숲에서 사고가 난 것이었다. 계곡에서 놀던 사내아이가 다쳤다고 했다. '아, 이를 어째' 사고의 결과를 알기까지 다들 걱정했다.

숲에서 사고가 났다는 말을 들었을 때, 여느 부모라면 '숲은 위험해, 안전한 교실이 나을 수 있어. 그러니, 유치원을 옮겨야 할 것 같아' 라고 고민할 수도 있다. 하지만 숲 반 학부모 중에는 그런 부모는 없었다. 사고는 예고하지 않고 어느 장소든 일어날 수 있다는 단순한 진리를 믿었기 때문이다. 시현이도 유치원에서 사고로 눈 밑이 찢어져 병원에서 수술받은 적이 있다. 그런데, 사고는 숲에서 일어난 것이 아니라 유치원이 있던 아파트 놀이터에서 일어난 것이었다. 사고는 숲에서도 날 수 있고, 교실에서도 날 수 있다. 단지 더 많은 사람이 더 자주 활동하는 곳이 사고의 빈도가 높아질 뿐이다. 더 많은 아이가 숲이나 자연에서 생활한다면 사고가 일어날 확률도 높아진다.

발생하지 않은 사고가 두려워 활동하는 데 제한을 둔다면 아이의 학습을 포기해야 할 것이다. 아이들은 경험을 통해서 학습하고, 특히 뛰어노는 가운데 가장 많이 배운다. 당연히 사고는 있을 수도 있다. 사고가 두렵다면, 내 집 밖에도 나갈 수 없을 것이다. 아니 집 안에서도 사고가 일어났다는 소식은 얼마든지 있다. 우리가 해야 하는 것은 혹시나 발생할지 모를 사고에서 안전을 지키기 위해 몸을 사리는 것이 아니다. 매 순간에 얼마나 깊이 진심으로 마음을 줄 수 있는가이다. 내 아이가 온몸과 마음을 다해 사랑했던 자연은 그럴 만한 가치가 있었다. 아이는 성장하는 내내 그걸 보여주고 있다.

수년을 숲에서 아이들을 키워오고 있는 원장 선생님과 여러 선생님을 믿어서만이 아니다. 내가 믿는 것은 자연이었다. 놀이터로 최고의 장소는 자연이라는 믿음이었다. 아이를 하원시키기 위해 숲으로 가면 온몸과 마음으로 말했다. “엄마, 더 있고 싶어.” 아들은 숲을 사랑했다. 사랑하는 공간에서 2년을 보냈다. 아이는 언제나 생생하게 살아 있는 표정으로 그날 있었던 경험을 재잘재잘 이야기해 주었다. 사고로 인해 숲 반에서 떠난 아이는 아무도 없다. 물론 시현이 역시 마찬가지였다.

당시 숲 반에 다녔던 아이들 누구도 바뀌지 않고 그대로 졸업했다.

2년을 자연 속에서 온전하게 살아온 아들을 본 사람들은 아들의 건강한 피부색과 아들의 감정을 고스란히 드러나는 다채로운 표정에 한마디씩 할 때가 있다. 그럴 때면 겸손하지 못하게도 나의 어깨에 힘이 들어가고, 아이를 위해 내가 해줄 수 있는 최고의 선물을 주었다고 말한다. 나 스스로 꽤 괜찮은 사람이라고 믿게 되었다.

2-5 당신, 스토커야!

6살 시현이는 숲에 등원했다. 한샘 유치원은 집에서 차량으로 왕복 1시간이 소요되었다. 그런데도 아이가 보내주는 함박웃음을 보면 힘든 줄 몰랐다. 아니 아이를 위해 좋은 일을 하고 있다는 생각에 기뻤다. 모든 것이 만족스럽게 흘러가고 있었다. 내가 난생처음으로 자진해서 공부라는 것을 통해 얻은 배움 중 하나는, 대학 교육에서 말하는 이론들은 보편적이라는 것이다. 내 아이는 내게 보석 같은 특별한 아이지만, 보편적인 아이였다. 육아는 육아 교육서에서 본 학자들이 말하는 원리에 따라 하는 것이 옳다는 믿음에 따라가려고 애썼다. 같이 학교 다니던 동기들조차 "언니, 정말 대단해."라고 말할 정도로 아이에게 많은 시간을 쏟았다.

학교에서 배우는 교과서는 물론이고, 당시 읽었던 책들 역시 육아에 필요한 지침서였다. 그러다가 차츰 내 삶에 대한 물음으로 바뀌었다. '아이를 어떻게 키워야 하는가?' 에 대한 질문은 '내가 무엇을 해야 하느냐?' 라는 행동 방향을 알려 주었다.

기억 어딘가에 내가 받은 유산이 있다. 아주 어렸을 때 엄마는 나를 무릎에 눕히고서 불러주던 노랫말 같은 문장이 있었다. '남의 눈에 꽃이 되고, 잎이 되어라. 세상에 소금 같은 사람이어라.' 잠결에 반복되는 노래 같은 선율의 문장을 곧잘 들려주셨다. 내가 초등학교 다니던 때도 엄마에게서 듣곤 했던 기억이 있다. 시현이를 낳은 후 들려주고 싶어서 엄마에게 다시 물었지만, 엄마도 몇 마디 더 해 주셨지만 정확하지 않다. 그럼에도 불구하고, 그 당시 경제적으로 정서적으로 힘들게 살아오셨던 엄마가 불러주던 이 노랫말은 내 삶에서 커다란 위안이었고, 잊히지 않는 '엄마의 유산' 이었다.

엄마가 내게 노래를 불러주셨던 것처럼, 아이의 눈을 바라보며 책을 읽어주었다. 또박또박 읽어주고, 엄마가 해 주셨던 따듯한 말을 시현이에게도 해주었다. "시현아, 너는 세상의 빛이고 소금이야. 너는 원하는 것은 무엇이든 될 수 있고, 사람들은 너로 인해 행복해질 거야." 반복하고 또 반복해서 이야기해 주었다. 꼭 안아주고 노래 불러주었다. 시현이가 잠이 들려고 하면 아이가 좋아하던 '올챙이와 개구리' 노래를 불러주었다. 흥겨운 노래이지만 자장가로도 좋아했다. 낮에는 흥겹게, 밤에는 고요한 목소리로 바꿔가며 아이에 맞춰 노래를 불러주었다.

아이의 정서를 돋우고, 수치심을 낳게 하지 않도록 "안돼"라는 말은 가려서 했다. 공부하기 위해 보던 대학 서적들은 학교 졸업과 동시에 새로운 책으로 대체되었다. 아이를 위해 읽어주고, 나를 위해 읽었던 그림책부터 부모 교육서, 소설, 고전, 동화책, 인문학책, 뇌, 영적인 내용, 철학서 등 다양한 분야를 접했다. 예상했던 건 아니지만 아이의 성장을 위해 시작한 공부의 방향이 '아이'에서 '나'로 바뀌고 있었다. 아이를 통해 시작된 나의 배움이 좋았다. 나는 바뀌어 가고, 그 속에서 아이는 자라고 있었다.

그 와중에 남편은 변함이 없었다. 성실하고 상냥하며 가족을 사랑하는 마음, 다른 사람에게 절대로 실수하지 않기 위해 과장하지 않는 정직한 마음과 행동까지 변함이 없었다. 언짢을 때 침묵하는 것도 여전했다. 그렇게 변함없는 남편을 나는 바꾸려고 했다. 말을 하고 또 말했다. '안돼'라고 말하는 것은 아이에게 어떻게 안 좋은지 알려주었다. 아이가 걷다가 거리에 떨어진 것을 만지는 것을 기겁하고 싫어했다. "더럽다. 개,

고양이가 오줌을 쌌을 수도 있어."라고 했다. 분명 십중팔구는 남편 말이 맞을 거다. '더럽다'라고 손대지 못하게 하는 것은 곧 아이가 하고 싶은 걸 못 하게 하는 것이다. 손이나 옷에 더러운 오물이 묻어도 씻으면 깨끗해진다. 내가 걱정하는 건 하고 싶은 걸 저지당하는 게 일상이 되는 아이는 후에 뭔가 하고 싶어도 눈치 보지 않을까 하는 걱정이었다. 아이가 하고 싶은 걸 못 하게 하는 것의 결과에 비하면 손에 묻힌 오물은 아무것도 아니다. 산책하면서 아이가 손을 놓고 걸어가고 싶어 하면 불안해도 곁에서 따라가야 한다고 말해주었다.

그래도 아이가 신체적으로 다칠까 봐 전전긍긍하는 것은 변하지 않았다. 변함없이 아이의 돌발행동을 지켜보지 못하고 '안돼!'라고 제지하는 일이 잦았다. 당시 내가 빠져있던 데이비드 호킨스의 『의식 혁명』 속에 들어있는 구절을 보여주며, '안돼'라는 말이 아이의 자발성을 멈추게 하고 에너지를 아래로 떨어뜨려 수치심을 준다고 남편에게 설명했다.

당시 남편은 아이가 있을 때는 그렇게 좋아하던 텔레비전을 시청하지 않았다. 스마트폰도 될 수 있으면 사용하지 않았다. 아이를 위해 남편이 할 수 있는 커다란 헌신이었다. 그런데도 나는 끊임없이 요청했다. 아이를 위해서 '안 돼'라는 말은 하지 말아 달라고 했고, 남편은 잘 들어주었다. 하지만 들어주는 것과 행동은 달랐다. 행동의 변화는 보이지 않았다. 그래서 카카오톡 문자로 보냈다. 글을 쓰거나 때로는 책을 사진 찍어서 보내기도 했다. 문자에, 사진을 보내어 내 말을 전하고 하던 어느 날 "당신은 스토커야!"라는 말을 했다. 그러고 보니 나는 참 집요했다. '원하는 사람만 하면 되지.' 생각할 수 있겠지만, 육아는 그렇지 않다. 부모가 된다는 것은 한 인간을 길러내는 일이다. 혼자가 아니라 배우자가 있는데, 부모의 양육 방법이 다르면 아이가 혼란스럽다. 무엇보다 이렇게 노력하는 나를 한낱 스토커라고 부르는 것에 화가 났고 야속했다.

목이 아프게 말하고, 문자 보내고, 책을 보여주었는데, 변화는 보여주지 않고 기껏 하는 말이 '스토커'라니 화가 났다. 때려치우고, 멈추고 싶었지만 그럴 수 없었다. 더 매달렸다. 지금 생각하면 어떤 용기가 나를 몰아세웠나 물어도 정확히는 잘 모르겠다. 당시는 남편이 아이에게 주는 사랑의 방향이 나와 다름을 깨닫지 못했다.

남편은 아이에 대한 극진한 사랑이 걱정과 불안으로 표현할 때가 있지만, 남편이 가진 섬세함과 민감함은 내게 배움을 줬다. 아이가 등교하는 길에 학교까지 바래다주던 것이 바뀌었다. 2학년 때 아이가 부끄럽다고 혼자 가겠다고 했다. 현관에서 아이와 헤어지고 나면 나는 끝이다. 내 할 일을 한다. 그에 비해 남편은 아이가 현관을 나가면, 앞 베란다에 가서 아이 모습을 기다린다. 그리고 두 사람은 손을 흔들고, 헤어지는데 아이 모습이 완전히 안 보일 때까지 아이의 뒷모습을 지켜보고 있다. 아이가 아빠와 헤어지고도 멀어지는 모습을 끝까지 보는 남편에게 이유를 물었다. "가끔 멀리 가다가도 다시 돌아보곤 하는데 내 모습이 안 보이면 시현이가 서운할까 봐."라고 답한다. 지금은 남편 옆자리에 나도 서 있다. 그리고 아이와 눈이 마주치면, "시현아, 사랑해~."라고 말하면, 아이도 큰 소리로 말한다. "나도 사랑해~!"

남편과 함께 아이를 양육하며 우리는 시행착오를 통해 배워가고 있다. 남편이 섬세하고 민감하게 반응해 주는 모습을 나는 보고 배운다. 남편도 내게 스승이었다. 너무 다르다고 투덕투덕 화내고 짜증 냈던 시간이 있었지만, 나와 다른 결을 가진 남편 덕분에 아이에게 더 많은 사랑을 줄 수 있다는 것을 이제는 알고 있다.

2-6 책 소리 기상나팔

‘아이 어릴 적 10년을 놓치면 아이를 평생 책임져야 할 수 있어.’ 라는 언니의 조언이 계속 귓가에 맴돌았다. 핑계일지도 모르지만, 언니의 조언대로 일을 그만두고, ‘엄마’ 를 직업처럼 삼기로 했다. 10년이라는 시간은 엄마라는 역할만 하기에는 꽤 넉넉한 시간이다. 한편, 아이를 양육하는 방법으로 나를 먼저 성장시키기로 마음먹고 나니, 10년이라는 세월은 상당히 유용한 시간이었다.

나는 좋은 엄마가 되어 아이를 잘 돌보려고 마음먹었지만 어떻게 해야 하는지 몰랐다. 책이 좋다고 하니, 책 읽는 모습을 보여줘야지 생각했다. 그러다 보니 자연스레 공부로 이어졌다. 구체적인 방법부터 찾아야 했다. 무엇을 먼저 해야 할지 고민하다가, 부모 교육을 위한 프로그램을 찾아다녔다. 그 과정에 만난 게 그림책이었다. 책 읽는 모습을 아이에게 보여주기 위해 손을 뻗으면 닿을 수 있는 거리에 두었다. 시간이 나면 아이 앞에서 그림책을 펼쳤다. 어쩔 땐 혼자서 소리 내어 읽었고, 때로는 그림을 보면서 혼자 깔깔거리며 소리 내 웃기도 했다. 그림책을 펼친 채로 잠든 모습도 보여줬다. 때로는 심각하고 진지한 표정으로 책을 바라보았다. 아이에게 책은 신기하고 즐거운 것임을 보여주고 싶었다.

베르너 홀츠바르트 글, 볼프 에를브루흐 그림의 그림책 『누가 내 머리에 똥 쌌어』를 읽었다. 나는 일부러 시현이가 보라고 재미있어 죽겠다는 듯 시늉을 했다. 두더지가 머리에 똥을 얹은 상태로 똥을 싼 범인을 찾아다니는 모습을 소리 내 읽고, 똥 떨어지는 소리를 흉내 내며 익살스럽게 표현하며 읽어주었다. 그림책 속의 그림과 글을 아이와 함께 읽고 이야기 나누며 같이 웃었다. 책 속의 두더지가 되어 '똥'이라며 작은 장난감이나 수건을 머리에 올리기도 하고, 인형을 머리에 올리고 걷기도 했다.

그림책은 성장기 아이들의 발달뿐만 아니라 청소년과 성인들도 어렵지 않게 접할 수 있는 도서 분야다. 태교에서부터 죽음에 이르기까지 교육적인 효과뿐만 아니라 정서적인 안정, 삶의 철학을 두루 찾아낼 수 있는 종합선물 세트다. 자녀 교육에 관심을 두고 시작했던 그림책 읽기는 내 아이도 예외는 아니었다. 아이와 함께하는 동안 매일 한 권 이상의 그림책을 읽어주며 아이와 소통하는 시간을 가졌다.

클래식은 뇌를 활성화하고, 정서적인 안정을 준다. 많은 엄마가 손쉽게 준비해 줄 수 있는 자녀를 위한 작은 실천이다. 나 역시 그랬다. 아이가 어린이집에 가기 시작하면서, 그림책을 읽어주고 아침에는 클래식 음악을 틀어서 아이의 편안한 기상을 도왔다. 잠들고, 깨기 10분 정도는 주변에서 들려오는 소리를 우리의 뇌는 기억한다고 한다. 그래서 아이가 아름다운 음악을 듣고 하루를 시작하도록 했다.

몇 달 이렇게 했으나 문제가 있었다. 아이가 음악을 들으면서 계속 잤다. 아이의 뇌에 좋다는 클래식의 잔잔한 선율은 우리 아이에게는 잠을 깨우기보다는 잠을 재우는 데 더 효과가 있었다. 잠을 깨우는 게 더 힘들었다. 결국, 클래식을 기상나팔로 사용하는 건 포기할 수밖에 없었다. 새로운 방법을 모색하던 가운데, 다음으로 시도했던 것은 책 읽어주기였다. 클래식 음악만큼 아름답지 않아도, 아이가 가장 오랫동안 들어왔던 익숙한 소리, 엄마의 목소리였기 때문이다.

아침 8시가 되면, 침대 곁에 앉아서 그림책을 읽어주었다. 아이가 일어날 때까지 읽어주니 3, 4권은 보통이었다. 저녁에 읽는 것보다 더 많은 분량을 읽어줄 때도 있었다. 그림책이 아니라 내가 읽어야 할 책을 읽어주기도 했다. 때로는 30분씩 소리 내 책을 읽는 게 힘들었지만, 그 소리에 아이가 눈을 뜨는 모습을 보는 것이 행복했다.

언제까지 그림책을 읽어주고 있기에는 아침은 짧고 할 일은 많았다. 그래서 나중에는 1권만 읽어주었다. 대신 책 읽어주는 동안 아이의 몸을 마사지해 주기로 했다. 그런데도 그림책 읽기는 한 권을 두세 번 읽어주어야 아이가 눈을 떴다. 그러다 어느 날 한 번만 읽어주고 책을 덮고 나가려니, 아이가, "엄마, 한 번 더 읽어줘야지!"라고 말하는 게 아닌가? 6살 아이는 엄마의 책 읽는 소리를 들으면서 잠에서 깼지만, 더 듣고 싶어서 계속 누워있었다고 한다. 우리는 1권의 그림책을 매일 아침, 2번 읽어주는 것으로 약속했다.

휴일에는 기상나팔을 이용하지 않았다. 아이는 유치원 가지 않고, 남편도 쉬는 날이라 굳이 일찍 하루를 시작하고 싶지 않다는 것이 이유였다. 그러던 어느 날 아이가 잠에서 깨어 불렀다.

"엄마, 오늘은 책 읽는 소리 못 들었어. 나 다시 잠들 거니까. 책 읽어줘.”

이 시기에 책 읽기를 통해, 한글의 다양한 단어를 만나게 해 주었다. 낮 동안 아이가 원한다면 책을 읽어주었다. 잠자리에서 책 읽어주기도 빠뜨리지 않았다. 4살 경 시작된 아이 기상나팔은 알람 소리나 '일어나!'가 아니다. 지금도 종종 책 읽어주기로 이어지고 있다. 때로는 아이에게 엄마를 위해 책을 읽어달라고 요청하기도 한다. “시현아, 오늘은 엄마가 목이 아파. 네가 엄마를 위해 책 읽어 줄 수 있겠어?” 잠자리에 누워 아이가 책 읽어주는 소리를 듣고 있으면 그렇게 좋을 수 없다. 시인이 자기의 시를 낭송하는 것보다, 아름다운 노래를 듣는 것보다 좋은 게 아이가 엄마를 위해 책 읽어주는 소리다. 아이도 아마 내가 책 읽어줄 때, 나와 같은 느낌이었을 거다.

그림책 속에 실려 있는 그림을 보면 미술관에라도 가 있는 듯한 기분이 든다. 좋은 그림을 내 손에 들고 감상할 수 있는 장점 때문에 미술에 문외한인 나도 그림이 좋다는 마음이 생겼다. 그림책 속에 글이 얼마 되지 않아 누구나 쉽게 한 번에 읽을 수 있다. 그 외에도 장점은 여러 가지가 있다. 한 줄의 문장에서 찾을 수 있는 생각이 일생을 바꿀 만큼 감동과 철학적 사색을 요구하기도 한다. 책 읽기에 시간 내기 힘든 사람들에게는 더없이 좋다. 그림책이 정서적인 안정이나 발달 외에 신체적인 치유 효과까지 가지고 있다고 하는 사례가 많다. 그중 도로시 버틀러가 외손녀 쿠슐라의 성장을 보고 지은 『쿠슐라와 그림책 이야기』를 보자.

쿠슐라 요먼은 젊고 똑똑한 20살의 어머니와 그보다 한 살 더 많은 아버지에게서 태어났다. 쿠슐라는 태어날 때, 두 손에 손가락이 하나씩 더 달린 신체적인 기형이었다. 곧 머리에 커다란 혹이 나서 생기는 뇌 혈종에 걸리고, 시각과 청각장애, 비장과 뇌파에 이상이 있으며 정신장애까지 문제 있어 보였다. 지은이이자 외할머니 도로시 버틀러는 "태어날 때 쿠슐라가 얼마만큼 정상이었을까."라고 말한다. 쿠슐라의 부모는 아이가 깊이 잠드는 시간만 빼고는 고스란히 안고 있었다. 생후 4개월이 되어서야 얼굴 가까이 있는 사물을 볼 수 있었다. 고통 때문에 밤낮으로 깨어 있는 아기와 긴 시간을 보낼 궁리를 하다가 책을 보여주었다. 더디게 성장을 하는 과정에서도 새로운 장애들이 계속 나타났다. 병원과 주변에서 포기하라고 했던 쿠슐라였다. 세계와 단절된 아이에게 그림책 보여주기를 통해 반응을 이끌어 아이를 깨어나게 했다. 성인이 된 쿠슐라는 여전히 신체적인 결함과 지적 능력의 문제를 안고 있다. 한때, 장애가 너무 커서 포기를 권유받았던 쿠슐라는 부모에 의지하지 않고 도서관, 극장, 수영을 즐기며 자기 삶을 꾸려가고 있다.

제니퍼 토마스의 사례도 있다. 심장 결함과 다운증후군을 앓고 태어난 제니퍼 토마스의 부모는 쿠슐라의 이야기를 전해 듣고 하루 10권의 책을 읽어주었다. 제니퍼는 매사추세츠 콩코드에서 고등학교를 졸업하고 MAS를 통과했으며, 전국 우수학생회의 회원이기도 했으며, 재능 있는 예술가로 성장했다. 쿠슐라와 제니퍼 외에도 장애가 있는 아이들이 그림책을 통해 훌륭하게 성장한 사례들은 많다.

어느 순간엔가 그림책 읽어주기에서, 내가 읽어야 하거나 읽고 싶은 책을 아이에게 읽어주고 있었다. 하지만, 그조차도 읽어주지 않는 것보다는 나았으리라. 책은 나에게 있어, 단순히 지식 전달 도구가 아니다. 서로의 마음을 전달하는 그 무엇보다 따뜻한 마음 전달 도구다. 내가 책을 읽어 주었던 시간은 아이의 마음속에 엄마의 사랑이라는 꽃씨를 키우는 일이었다.

2-7 딩동딩동 숨바꼭질

오후 4시가 넘으면 내 일정이 마무리된다. 오전에 아이를 유치원에 데려다주기 위해, 마치 출근하는 사람처럼 움직였다. 아이를 유치원에 데려다주고 나면 다시 하원 하기까지는 긴 시간이었다. 그 시간을 어떻게 활용할지 고민했다. 친구들과 전화 통화를 하거나 쇼핑이나 차를 마시는 것도 좋겠지만, 나는 다른 선택을 했다. 아이를 위해 만든 10년이라는 육아 기간을 통해 아이와 내 성장의 기회로 선택한 만큼, 가만히 있을 수 없었다.

여느 맞벌이 주부와 같이 이른 아침에 눈을 떴다. 출근 준비를 위해 몸단장하듯 나의 일정에 맞춰서 옷을 차려입었다. 학교, 백화점 문화센터나 도서관으로 향할 때도 있었고, 부모 교육을 통해 알게 된 사람들을 만나기도 했다. 월요일에서 금요일까지 아이가 유치원에 가는 날, 내 일상은 바깥으로 향했다.

이 시간 동안 아이를 위해 무엇인가 배우겠다는 생각에서 시작된 일이, 지나고 보니 모두 내 성장과 변화로 연결되었다. 보통의 맞벌이 가정의 그림처럼, 아침 8시가 넘어가면 온 가족이 흩어졌다가 저녁이 되면 다시 모이는 것이 우리 가정의 평일 모습이었다. 나의 일상도 아이처럼 배우고, 깨달음을 얻고자 공들였다.

시현이가 6살 무렵부터 집에 책이 늘어나기 시작했다. 내가 읽어보고 좋은 책은 아이에게 주기 위해 샀다. 학습을 위해 필요한 책은 내가 먼저 공부해서 아이를 가르치기 위해 샀다. 수학 그림책 전집 세트, 위인전, 와이 시리즈와 같은 양이 많고 금액이 큰 책들은 중고 서적 혹은 지인의 성장한 자녀들이 보던 책으로 쌓여갔다. 우리 집 책장에 책들이 자리를 잡아가고, 책장을 다시 사야 하는 시기도 있었다. 찢고, 구겨지고, 탑을 쌓고 그 속에 숨어 들어가는 아이는 책을 장난감으로 활용했다. 책은 최고의 장난감이자 놀이터였다.

아이가 책을 보는 것으로도 의미 있지만, 유아기 시현이는 보고 싶은 책을 찾아서 볼 수는 있지만 정리하기는 쉽지 않았다. 분명 5분 전에 치웠는데, 다시 돌아보면 어질러져 있다. 마치 마법의 지팡이로 뚝딱하고 마법을 부린 것 같다. 책꽂이가 있는 방에는 책이 널려 있었다. 책을 보다가 낮잠에 빠지는 날도 있다. 차츰 책으로 놀 수 있는 다양한 방법을 스스로 찾았다. 책을 귀하게 다루어야 한다는 신념을 가진 것이 아니었기에, 아이가 하는 바를 그대로 두었다. 책이 보존의 대상이 아니라 사랑하고 즐겨야 할 대상이니 마음껏 이용할 수 있기를 바랐다.

우리 집에서 책은 과자나 장난감과 바꿀 수 있는 물물교환의 대상이었다. 책으로 집을 짓고, 울타리를 짓는 건축 현장으로도 이용했다. 방 전체를 집으로 해서 가구를 만들고 책상을 만들어 집 안을 꾸미기도 했다. 책 위에 책을 쌓으면서 아이의 작은 몸이 숨기에 충분할 만큼 커다란 구조물을 만들기도 했다. 물건을 만들어 가는 과정에서 책장을 넘기다 마음에 드는 장면이 나오면 멈추었다. 책만 있으면 아이는 긴 시간을 자신만의 세상에서 보내곤 했다.

한 번은 아이가 자신을 가운데 두고 둘레에 책을 쌓아 올렸다. 10분, 20분 책이 쌓이다가 무너지기도 했다. 무너지면 다시 쌓았다. 30분이 넘게 탑을 쌓듯 하더니, 몸이 보이지 않을 정도의 구조물을 만들었다. 아이 앉은키 높이보다 높게 쌓던

중, 퇴근하고 돌아오는 아빠의 소리를 들었지만, 쌓아 놓은 책 탑이 무너질까 움직일 수 없었다. 숨죽인 채 아빠와 아들의 숨바꼭질이 시작되었다. 아빠와 함께하는 숨바꼭질 놀이는 아이에게 승리의 기쁨을 맛보는 시간이었다. 부모의 별다른 노력 없이 아이의 자존감을 올려줄 수 있는 쉬운 놀이다.

한동안 이렇게 놀아주다가 놀이가 지겨워질 때쯤, 우리 부부는 아이디어를 냈다. 아빠가 귀가할 때 초인종을 누르면 아이는 집안 어디든 숨는다. 대신 아빠는 초인종을 누르고 20초 이상을 기다려야 한다. 아이가 몸을 숨길 시간이 필요하기 때문이다. 당연하지만, 아이를 찾는 아빠는 큰 소리로 아이를 찾아다니며 못 찾겠다고 호소를 하며 기다려야 한다. 아이가 크게 웃으며 기쁨에 젖어 스스로 나타날 때까지 기다려 주었다.

우리는 이 놀이를 6세부터 1년 가까이했다. 매번은 아니지만 1주일씩 하다가, 잊을 만하면 아이가 '딩동딩동 숨바꼭질 놀이' 하자고 요청하곤 했다. 이 기억 덕분인지 초등학교 4학년이 되어서도 가끔 숨바꼭질 놀이를 하자고 했다.

단순한 책 쌓기 놀이도 했다. 레고와 같이 조각을 끼우면 어떤 식으로든 아이가 원하는 모양으로 만들어지는 장난감도 있다. 이에 비해 책은 쉽게 무너지고 고정적이지도 않다. 그러니 책으로 구조물을 쌓다 보면 인내가 길러진다. 책 속에 숨어 있는 다양한 그림으로 아이를 새로운 세계로 안내할 수 있는 이점도 있다. 대체로 가만히 앉아서 구조물을 만들어야 하는 레고에 비해서 책은 아이가 앉아서 놀이하기에는 곤란한 크기다. 책을 보며 간접 경험을 쌓을 수도 있으며, 책을 도구로 몸을 움직여 놀 수 있게 하는 훌륭한 장난감이다.

나는 아이가 온몸으로 세상을 받아들이기를 바란다. 스마트폰이나 텔레비전을 더 좋아하는 것 같지만, 몸으로 놀지 못하기 때문에 어쩔 수 없이 텔레비전이나 스마트폰을 찾는 아이도 많다. 스마트폰에 빠지기 전에 책과 친구에 빠지는 것이 좋다고 생각한다. 책과 이야기 속에는 무궁무진한 상상력으로 새로운 세상을 그리고 또 만들 수 있기 때문이다. 장난감이나 스마트폰보다 먼저 책과 친구가 되면, 자신만의 세상을 만들어가는 창의성은 그만큼 빨리 발현될 것이다.

2-8 10개의 태양

시현이가 한글을 배울 때였다. 한글을 공부하듯 가르치고 싶지는 않았다. 재미있고 자연스럽게 배웠으면 좋겠다고 생각했다. 역시 매일 읽어주던 그림책이 효과가 있었다. 그림책을 꾸준히 읽어주니 아이는 스스로 단어를 깨우쳐 갔다. 10번 이상 읽는 책의 수가 늘어났다. 책의 내용을 줄줄 외우기도 했다. 그리고 읽어주는 말들을 책 속에 있는 글자에 대입하여 어렴풋이 글자를 인식해 갔다. 마치 글로 된 그림처럼 단어를 찾아냈다.

7세쯤 되니 아이는 웬만한 그림책의 글자는 읽어 낼 수 있었다. 쓰기 지도는 새로운 숙제로 다가왔다. 아이에게 괴로운 공부가 아니라 놀이로 할 수 있는 것을 연구해야 했다. 당시 내가 빠져있던 버츄프로젝트에서 답을 얻었다. 아이의 인성도 연마하고 글씨 쓰는 연습도 할 수 있는 놀이 식 한글 공부를 만들었다.

버츄프로젝트에는 52가지 미덕의 단어가 있다. 아이의 행동과 연결하여 미덕을 찾고, 동그란 라벨지에 미덕 단어를 적고, 붙이는 활동이었다. 처음에는 내가 적어 줄 때도 있지만 곧 아이가 라벨지에 정돈, 감사, 인내와 같은 단어들을 스스로 적었다. 자신이 그린 자화상에 붙이는 놀이였다. 아이가 하는 행동에서 미덕을 찾아내며 동시에 글씨 쓰기 놀이를 즐겼다.

수학은 일상에 널려 있다. 전화번호, 마트에 진열된 물건값처럼 수는 일상에 널려 있다. 덧셈과 뺄셈을 책에서 배우는 것보다 삶에서 일어나는 상황에 대입하여 깨닫게 해주었다. 물건을 2개 고르면 그 값이 얼마가 되는지 생각하며 덧셈의 개념이 생긴다. 카드가 아니라 현금을 주고 물건을 사고 남은 거스름돈을 계산했다. 시장에서 흥정하고, 계산하면서 수의 덧셈과 뺄셈을 알았다. 공부와 삶을 분리하지 않고 자연스럽게 알려주었다. 한글을 읽고 적을 줄 알고, 덧셈과 뺄셈의 개념도 잡혔다. 이 정도면 초등학교 입학 준비로 괜찮을 것 같았다.

숲에서 자연이 주는 가르침 속에 살던 아이였다. 학기 초에 자기의 책상과 의자가 정해져 있다는 걸 처음 알았다. 어리둥절하고 낯선 환경에서 다른 친구들에 비해 자신이 부족하다고 느꼈을 것 같았다. 친구들이 정갈한 글씨로 교과서와 노트에 이름을 적는 순간 아이는 이미 알았을 수도 있다. 학습에 있어서 다른 친구들과 비교해 자기의 수준이 떨어진다는 것을 말이다.

1학년 2학기 들어서 기가 죽은 채 아들이 귀가했다. 눈에 눈물이 맺힌 채 울먹이며 말했다.

"엄마, 나는 돌머리인가 봐."

아이가 점수에 민감하지 않으면 좋겠지만, 시현이는 다른 친구와 자신을 비교하는 아이라는 것을 처음으로 알았다. 받아쓰기 쪽지 시험을 쳤는데, 점수가 10점이라며 시험지를 보여주었다. 다른 친구들은 대부분 100점인데 '나만 10점'이라고 했다. 친구들이 자기를 놀리는 것 같아서 슬펐다고 했다. 시험을 못 쳐서 부끄러운 마음과 시험을 잘 보고 싶다는 마음이 고스란히 전해졌다. 다른 사람의 시선과 인정욕구가 큰 아이였기에 누가 뭐라 말하기도 전에 슬픔에 젖어 있었다.

그러면서 시험지와 함께 가방에서 나온 시험출제지가 내 눈에 띄었다. 미리 연습시켜 시험을 치라는 것이었는데 나는 까맣게 모르고 있었다. 아마 알림장에 적어놓았을 텐데, 내가 읽지 않았던 거였다. 또 한 번 무심한 나를 나무라며 어찌할지 고민했다. 전체 10회에 걸쳐서 10문항씩 문제가 적혀 있으니, 다음 시험 문제가 무엇인지 미리 알려주는 것이었다. 다음 시험 문제를 공부하자고 아이에게 제안했다. 시험 점수는 속상하지만, 공부하고 싶지는 않다는 아들을 보면서 '아이의 생각을 존중해 주어야 할까?' 라는 고민이 되었다. 학습에 대한 거부 반응이 생기거나, 아예 공부가 싫은 것이 되어버릴까 걱정이었다.

이제 겨우 8살 아이의 자존감에 상처를 주지 않아야 했다. 본격적인 공부를 시작하기도 전에 공부는 괴롭고 재미없다는 마음이 들지 않을 방법을 찾았다. 우리가 선택한 방법은 '학교 놀이' 였다. 한 사람이 선생님이 되고, 한 명은 학생이 되는 것이었다. 다행히 아이가 글자를 읽을 수 있기에 가능했다. 아이가 선생님이 되어 시험문제지의 보기를 하나씩 읽고, 아빠가 학생이 되어 시험을 쳤다. 다음으로는, 아이는 아빠가 적은 받아쓰기를 답지와 비교해가며 채점했다. 그리고 아빠는 선생님이 되어 아이가 방금 불러주었던 보기를 불러주고 아이는 시험을 쳤다. 그리고 아빠와 아이가 함께 채점했다.

아이는 아빠에게 보기를 불러주면서 1번, 채점하면서 또 1번 더 문제를 보았다. 채점하면서는 틀린 부분을 수정하면서 보고, 적기도 했다. 그리고 다시 아빠가 불러주는 문제를 자신이 받아 적으면서 1번 적었다. 다시 채점하면서 1번을 확인하니 최소한 4번은 문제를 보았다. 그 과정에서 10문제 받아쓰기는 1번 했지만, 채점하면서 틀린 것을 적어주면서 2번을 적으니 받아쓰기에 관한 공부로 충분해 보였다. 무엇보다 즐겁게 했다.

처음 가방에서 나왔던 시험지에 빨간 색연필로 동그라미 한 개, 사선 아홉 개가 진하게 그려져 있는 것이 눈에 띄었다. 나조차도 보기 싫었으니 아이 마음도 마찬가지였으리라.

"동그라미는 태양이야, 밝게 빛나는 별이지. 그런데 하늘에는 별이 아주 많아, 사선으로 그어진 줄을 별로 만들어 줄까? 별은 낮에는 눈에 보이지 않지만, 밤하늘을 반짝이고 아름답게 만드는 건 별이란다." 사선이 그어진 이유를 찾고 고쳐주면 별이 된다. 틀린 것에 속상해하지 말고, 다시 보면서 실수를 별로 만들어 주는 게 필요했다.

아이는 다음 시험에서 70점, 그다음 시험에서 80점을 받았다. 그리고 "엄마, 나 돌머리 아니야."라는 말을 끝으로 가족이 함께하는 시험공부는 더 하지 않았다. 앞으로도 계속해서 아이의 수준에 맞춰 놀면서 공부할 수 있도록 도와줄 수 있을까? 그럴 수 없을 것이다. 교과는 어려워지고, 자기가 하고 싶은 욕구가 일지 않는다면 내가 도와줄 수 있는 것도 한계에 이를 것이다. 자기주도 학습이 이루어지는 데 중요한 것은 공부해야 하는 이유를 아는 것과 학습에 대한 거부감이 없어야 한다는 점이다. 자기주도 학습이 이루어질 때까지 내가 해야 할 일은 아이에게 공부가 괴롭고 재미없는 것이라는 인식을 만들지 않도록 조심하는 것이다.

이후 가족이 함께하는 받아쓰기 공부는 더는 하지 않았다. 어느 날은 20점으로 내려간 점수를 받아왔지만 더는 아이가 슬퍼하지 않았다. 아이는 머리가 나쁜 것이 아니라, 공부하면 자신도 높은 점수를 받을 수 있다는 믿음이 생겼기 때문이다. 공부보다 하고 싶은 놀이를 찾아 온 힘을 기울여 몰입하는 아들을 보는 것으로 만족했다. 아이의 인생에 받아쓰기 100점보다 하고 싶은 일을 대하는 태도가 더 중요하다고 생각하기 때문이다.

3장

독립된 존재로 마주하기

3-1 버츄프로젝트와 만나다

스쳐 지나가듯 누군가 내뱉은 말이 가슴에 옹이처럼 남을 때가 있다. '너밖에 모른다.' 라는 말이 내겐 옹이처럼 와닿았다. 아이를 낳고 잊고 있었던 이 말을 우연히 다시 들었다. 과거에는 전혀 문제 되지 않았던 이 말에 마음이 '쿵' 하고 내려앉았다. '폴 발레리' 가 말한 '생각하는 대로 살지 않으면 사는 대로 생각한다.' 는 말처럼, 엄마가 되기 전 나는 사는 대로 생각하는 삶을 살았다. 옳은 게 무엇인지, 중요한 것이 무엇인지와 같은 질문을 하지 않았다. 내 일이 아닌 주변에서 일어나는 일에 관심이 없었다. 대단히 고통스러운 이슈가 세간을 떠들썩하게 해도 별 관심을 두지 않았다. 그만큼 세상에 무심하고 일신의 편안함만 추구하는 나밖에 모르는 사람이었다.

엄마가 되고 다른 기억들은 희미해져도 '너밖에 모른다.' 라는 문장만큼은 생각 속에서 떠나지 않았다. 이 말이 가슴에 던진 파문만큼이나, 엄마이기에 변해야겠다는 생각이 깊게 자리 잡았다. 아이가 삶에 들어오자, 세상 편하게 살던 내가 바뀌었다. 그만큼 아이는 내 삶에 변화를 준 특별한 존재였다. 아이가 어떤 사람으로 성장해 주기를 바라는지 묻고, 엄마로서 내가 할 수 있는 것이 무엇인지 생각했다. 내가 바라는 아이의 모습은 '좋은 사람'이었다. 내가 그렇지 못 한 사람이었기 때문이었을까? 내 아이가 자기는 물론이고 다른 사람에게도 좋은 사람이 되기를 바랐다.

나보다 약한 사람의 손을 잡아주고, 나보다 힘이 많은 사람에게 정확하게 말할 수 있는 사람이 되기를 원했다. 대단한 봉사와 희생을 요구하는 것이 아니라 옳은 것과 그릇된 것을 구분할 수 있는 사람, 그에 따라 살기를 바라는 마음이었다. 자기 삶에 만족하고 부끄럽지 않은 사람이 된다면 더 바랄 게 없었다. 한편으로 '나는 좋은 사람인가?'라는 생각도 했다. 그것을 바라는 나조차 좋은 사람과는 거리가 멀었다. 자기밖에 모르는 엄마 밑에서, 아이가 무엇을 보고, 배워서 좋은 사람이 되기를 바라겠는가? 말도 안 되는 욕심이었다. 아이에게 모범이 되는 엄마가 되는 게 먼저였다. 내 삶의 방향을 바꾸기로 했다. 좋은 사람은 아닐지라도, 좋은 사람이 되기 위해 노력하는 모습은 보여주고 싶었다.

말처럼 쉽지는 않았다. 40년간 몸에 익혀온 습관을 바꾸는 것이 쉽지는 않았다. 나밖에 모르던 사람이었으니, 어찌 보면 인생의 방향을 송두리째 바꾸는 것이었다. 오랜 시간 만들어져 온 내 모습을 보면 싫고, 외면하고 싶었다. 내 모습은 삽으로 땅을 파서라도 감추고 싶었다. 자꾸 자신에 대해 질책하고 부끄럽다는 꼬리표가 붙어서 떨어지지 않았다. 어떻게 해야 할지 몰라 자존감에 관한 책부터 닥치는 대로 읽었다. 책을 읽고, 여러 가지 강의를 들었지만 내 모습을 바꾸기는 쉽지 않았다. 심지어 '내가 바뀌는 건 불가능한 숙제가 아닐까?' 하는 생각마저 들었다. '변화'라는 단어에 지쳐갈 때쯤, 질문이라는 키워드를 만났다. 질문은 정말 신기한 힘을 가지고 있다. 세상을 알아가기 위해 질문을 던졌는데, 그 질문은 항상 나에게 되돌아왔다. '세상이 이런 모습인데, 나는 무엇을 할 것인가? 내 아이는 어떤 삶을 살기를 희망하는가? 좋은 사람이란 구체적으로 어떤 사람을 뜻하는가? 그 좋은 사람으로 성장하기 위해서 나는 무엇을 할 수 있나?' 등 나로 향하는 질문에는 끝이 없었다. 질문만으로 달라지지 않았다. '나밖에 모르는 존재'에서 '나를 아는 존재'로의 변화는 정말 힘들었다.

질문이 어느 정도 익숙해질 때쯤, 나를 한층 더 성장시켜 줄 버츄프로젝트를 만났다. 『그 아이만의 단 한 사람』의 저자 '권영애 선생님'을 통해 버츄프로젝트를 7시간짜리 워크숍으로 만났다.

버츄프로젝트라는 프로그램을 통해서 땅속 깊이 파고들어가던 삽질을 멈출 수 있었다. '모든 사람의 인성의 광산에는 모든 미덕의 보석이 박혀 있다'라는 1줄 철학을 100번쯤 읽고 적으면서, 내 속에 있는 미덕이 깨어나길 기다린다는 걸 느꼈다. 버츄프로젝트를 알려준 건 하브루타 강사 김혜경 선생님이었다. 나를 돌아보게 했던 하브루타식 질문에서 시작되어 버츄프로젝트에서 답을 찾으면서 조금씩 달라졌다. 평소 부끄러워 말하지 못했던 꼬리표들을 말하기 시작했다. 그리고 나를 조금씩 객관적으로 바라볼 수 있었다. 막연한 부끄러움이 사라지고 나자, 내 이야기를 하는 것이 괴롭지 않았다. 나는 나 자신을 타인보다 더 많이 사랑했던 사람이었다. 버츄의 눈으로 나를 바라보자, 나도 귀한 보석으로 채워진 존재였다. 과거에 '나밖에 모르는 사람'이라는 말에서, 이제는 '나를 먼저 사랑하는 사람'이라고 말한다. 내가 나를 사랑할 때, 타인을 진심으로 위해주고 존중할 수 있었다는 것도 어렴풋이 깨달았다.

아이 옷 사러 갔다가 내 옷을 사고 나오는 엄마였다. 아이 옷 사는 걸 잊어버린 나 자신을 비난했던 적이 있다. 이제는 아이를 사랑하는 것보다 나 자신을 더 사랑하는 것이 불편하지 않다. 그리고 가족도 나만큼 사랑한다고 말한다. 내가 하는 생각과 행동, 나의 세상을 미덕의 언어로 표현할 수 있다. 내가 빛나는 보석을 가진 존재라는 점을 알게 되었을 때의 기쁨은 이루 다 말할 수 없었다. 시현이를 바라볼 때도 당당한 엄마가 되었다. 미덕의 원석을 가득 가지고 있는 존재인 아들을 귀하게 대할 수 있었다.

초등학교 입학하기 전부터 시현이가 스스로 결정을 할 수 있도록 도왔다. 옷 입는 것, 옷이나 신발을 사는 것, 학원을 선택하는 것 등이다. 그뿐만 아니라 나와 관련된 것도 유아기 때부터 아이에게 물었다. "시현아, 엄마가 외출할 건데, 이 옷을 입으면 어떨까?" 6살 시현이는 엄마가 옷을 선택하는 데 있어 아빠보다 더 훌륭한 코디네이터가 되어주었다.

내가 실수하면 '실수해서 미안해.'라고 하며 용서의 미덕을 꺼냈다. 그러면 아이는 존중과 사랑이라는 미덕으로 나에게 다가왔다. "괜찮아, 엄마. 실수할 수 있지." 그렇게 나는 아들을 상대로 미덕을 연마했다. 그래서일까? 내 아이는 지금 5학년이 되어서도 웃음이 환하다.

1학년 때, "시현이는 늘 얼굴이 환해요" 하던 이웃의 표현이 여전히 그대로다. 아이는 자신이 삶의 주인공이라는 것을 알고 있다. 그리고, 엄마의 친구, 여행의 동행자, 때로는 보호자가 되기도 한다. 아들이 4학년이 된 봄에 둘이서 울릉도 성인봉을 올랐다. 내 물을 준비하는 것을 잊었다. 아이는 자기 물을 다 마시지 않고 아껴서 나눠주었다. 배려라는 미덕을 빛내어 주는 친절한 아들이다.

버츄프로젝트에는 다섯 가지 전략이 있다. 1 전략은 미덕의 언어로 말하라. 2 전략은 배움의 순간을 인식하라. 3 전략은 미덕의 울타리를 쳐라. 4 전략은 정신적 가치를 존중하라. 5 전략은 정신적 동반을 제공하라. 이렇게 다섯가지다. 자기나 타인의 존재를 알고, 함께 아름다운 세상에서 살아가기 위한 모든 게 다섯 가지 전략 속에 녹아 있다. 익숙해지면, 내면에서 아름다움을 찾아낼 수 있다.

아름다움은 말과 눈빛과 행동을 통해 밖으로 향한다. 살아가면서 만나는 무수한 경험에서 배움을 얻을 수 있다. 관계에서 힘겨운 상황이 반복될 때, 이제는 상대에게 말할 수 있다. 예전에는 외모를 평하는 사람이 있으면 그 상황이 부끄럽고 싫었다. 그랬던 내가 "나는 외모에 대해 말하는 것이 힘들어요. 그러니 외모 평가는 자제해주세요."라는 말조차 할 필요가 없을 만큼 외모는 중요도에서 사라졌다. 그리고 사람들이 중요하게 생각하는 것을 있는 그대로 존중할 수 있다. 외모, 돈, 가방, 집과 같이 물질이나 소유에 집착하는 사람도 사랑할 수 있다. 환희와 영광으로 기쁨에 젖은 사람에게나 슬픔에 빠진 사람에게도 동반자로 함께 해줄 수 있다. 버츄프로젝트를 삶으로 가져온다는 것은 평생의 과업으로 해도 부족함이 없다.

엄마가 되어 삐걱거리며 시작된 육아와 내 성장은 버츄프로젝트를 만나며, 자리를 잡았다. 버츄프로젝트는 '세상에서 가장 행복한 인간'으로 성장하는 과정에서, 없어서는 안 되는 최고의 교육 프로그램이자, 내 삶을 사랑하게 해준 일등 공신이다. 그리고 이제 아이가 평생을 걸쳐서 자기 속에 있는 미덕의 옷을 입는 것만으로도 행복한 삶을 살게 될 거라 확신한다.

3-2 내 마음의 길잡이

나는 나 자신이 부끄러워 나를 드러내지 못하는 사람이었다. 옆 사람과 비교하며 자존심이 상처받았고, 그럴 때는 어김 없이 나를 아래로 끌어내렸다. 나는 보잘것없는 존재라고 여겼다. 처음 참가한 버츄프로젝트 워크숍에서 '내 안에 모든 미덕이 원석으로 존재한다.' 라고 했다. 광산에서 원석을 찾아 연마하면 다이아몬드, 루비, 사파이어와 같은 빛나는 보석으로 만들 듯, 나 자신을 바꾸는 것이 가능하다고 했다. 깊은 구덩이에서 빠져나갈 동아줄을 잡은 기분이었다. 아니 내가 파놓은 구덩이 속에서 다른 사람들 곁으로 갈 수 있는 계단을 발견한 것이다. 그래서 눈물이 났다. 눈물은 멈추지 않고, 그간의 아픔을 씻어내듯 펑펑 쏟았다. 내 삶을 부끄럽지 않게 만들어 줄 해답은 이미 내가 가지고 있었다는 걸 알았다.

워크숍에 참가하고, 깊은 감동으로 곧이어 2박 3일의 '버츄트레이닝 과정'까지 이어서 참여했다. 버츄프로젝트가 나에게 가르쳐준 것은 내가 부족한 사람이 아니라는 것이었다. 세상 모든 사람은 태어날 때 미덕의 보석을 품고 태어난다. 삶의 과정에서 경험하는 고통스러운 순간에도 미덕을 찾을 수 있다. 그 미덕을 깨닫는가? 그렇지 못하는가? 의 차이다. 나는 그동안 모르고 살았다. 이 단순한 진리를 내 나이 마흔이 넘어서 알았다.

부모님께 자랑스러운 딸이 아니었고 결혼하고도 못 살겠다고 친정으로 뛰쳐나올까 불안했던 딸이다. 친구들에게는 자기밖에 모르는 이기적인 친구였다. 그런 사실이 가슴에 못 박혀서 혼자 상처받았다. 못나고 부족한 사람이었다. 그 못난 행동을 했던 순간이 다 이유가 있었다는 것을 믿게 되었다. 당시 내가 부딪혔던 감정의 너울들이 막말하게 하고, 소리치게 했다. 내가 갖고 싶은 것, 하고 싶은 것들이 좌절되어 받은 상처를 내 속에 숨겨두지 못했다. 드러내놓고 화를 냈다.

어릴 적에는 용돈을 받아도 오빠보다 적게 주는 것이 참을 수 없었다. 오빠와 똑같은 용돈을 받는 것이 엄마의 사랑을 똑같이 받는 것으로 생각했다. 사랑이 채워지지 못해서 나는 억지를 부리고 나를 봐달라고 떼를 썼다. 이제야 상처받은 어린 나를 달래줄 수 있게 되었다. 내 반항과 억지 속에도 수많은 미덕이 나를 이끌었다는 것을 버츄 워크숍에서 처음 알았다.

상대를 당황스럽게 만들고 배려하지 못하던 나의 행동은 내 생각이 옳다고 믿는 믿음에서 나왔다. 나는 싫은 것을 억지로 따라가는 사람이 아니었다. 내 감정에 솔직하고, 싫은 것을 싫다고 말할 수 있는 용기 있는 사람이었다. 나뿐만 아니었다. 아이와 남편도 마찬가지였다. 각자 자신이 생각하는 옳은 일을 했고, 그들 역시도 미덕이 인도하는 행동을 하고 있었다. 이것을 버츄프로젝트가 가르쳐 주었다.

'모든 사람의 인성의 광산에는 모든 미덕의 보석이 박혀 있다.'라는 것이 버츄프로젝트의 철학이다. 사람의 내면에 아름다운 언어가 300여 가지 이상의 단어가 있다고 한다. 그중 52개의 미덕으로 간추려 놓았는데, 이것은 1년을 52주로 해서 매주 1개의 미덕을 빛내다 보면 1년이면 52개의 미덕을 모두 빛낼 수 있다.

당연히 모든 사람은 태어날 때부터 그 모든 미덕을 행할 수 있는 존재이고, 미덕은 각자의 내면에 존재해 있다. 그중에서 유난히 더 빛나는 미덕이 있고, 그렇지 못한 미덕이 있다. 어떤 미덕은 평생 가도 그와 같은 미덕이 있다는 것도 모르고 지나가기도 한다.

생활하면서 떠오르는 경험과 그에 어울리는 미덕을 찾아 말해 준다. 깜깜한 어둠 속에 스위치를 켜면 환하게 불이 켜진다. 어둠을 밝히는 스위치처럼 마음속 어둠을 밝히는 스위치는 미덕을 떠올리는 것이다. 그때가 미덕이 빛나는 순간이다. 행동뿐만 아니라, 행동에 어울리는 미덕을 떠올리는 순간까지 미덕이 빛나는 순간이다.

가령, 학급에서 친구가 행사하는 폭력에 피해를 봤다고 가정해 보자. "맞아서 아프고 기분 나빠, 다시는 그러지 마!"라고 말한다면, 정직하게 자기의 마음을 들여다보고, 용기 있게 말로 전달해 주었다. 이럴 때 아이는 정직과 용기의 미덕이 빛났다고 말한다. 마음속으로는 화가 나고 슬프다고 해도 상대가 무서워서 말을 하지 않는다면 '정직'과 '용기'는 성장시켜야 할 미덕이 된다.

무수히 많은 미덕 중에서 상황에 어울리는 미덕을 찾아서 구체적인 행동과 말을 연결한다. 떠오르지 않는 미덕의 보석들은 없는 게 아니라 우리 안에서 잠자고 있는 미덕이다.

버츄프로젝트에서 다섯 가지 전략을 배우고 삶에 적용했다. 이 다섯 가지 전략이 우리의 삶에 스며들게 하고 싶었다. 말하는 방법을 바꾸고, 배움을 실천하려고 노력했다. 인간관계에서 미덕의 울타리를 치자, 삶이 조금씩 변했다. 세상을 보는 나의 관점이 변했다. 일상에서 변화가 시작되면서 새로운 길을 따라가고자 했다.

버츄프로젝트는 도서관을 통해 학교로 찾아가는 수업을 할 때, 특히 유용했다. 독서 프로그램으로 방문 수업할 때였다. 처음 만나는 방문 교사에게 아이들 특유의 호기심으로 다가와 주는 아이들이 있는가 하면 낯선 사람에 대한 경계를 갖춘 아이들도 있다.

아이들에게 인사를 하고 본격적인 수업에 들어가기 전에 먼저 버츄를 꺼낸다. 미덕 52개가 적힌 PPT를 보여주며, "얘들아, 여기 있는 미덕의 보석을 읽어줄래."라고 요청한다. 52개의 미덕의 단어들을 눈으로 보는 것만으로도 경계심을 가졌던 아이들조차 마음의 자세가 달라진다. 좋아하는 미덕으로 명패를 만드는 과정에서, 아이들은 마음속에 있는 미덕을 꺼낸다. 예의 있게 친구를 대하는 것, 존중의 자세로 이야기에 경청하는 것, 소신 있게 자기 생각을 말하는 것과 같이 아이들은 자신의 가슴속에 미덕들이 있음을 듣고 행복해한다. 2시간의 짧은 수업으로도 아이들의 마음이 변했다.

나를 바라보는 시선은 물론이고 세상을 바라보는 시선이 바뀌었다. '문제아는 없다. 문제 행동하는 아이가 있을 뿐이다.' 라는 것과 같이 머리로 이해했던 것들이 가슴으로 와닿았다. 중학교 수업에 들어가면 아이들 대부분이 의자에 앉아 있는 것 자체가 괴로운 듯한 표정이었다. 이미 포기한 듯 수업에 흥미를 잃은 아이도 있었다. 때로는 아무렇지도 않게 딴짓하는 친구도 있다. 이런 아이들을 볼 때면 마음이 무겁다. 수업에 방해되는 행동을 하는 저 학생이 문제아라고 생각하지 않았다. 문제 행동하고, 그것이 수업에 방해가 될 뿐이었다. 그럴 때는 아이의 눈을 보며 말했다.

"지금 네가 큰 소리로 말하는 것 때문에 수업에 방해가 된단다. 나는 최선을 다해서 너희들을 존중하는 마음으로 수업을 진행하고 싶은데, 네가 도와주면 고맙겠어."

버츄프로젝트로 시작했던 수업이 망한 적은 한 번도 없었다. 어린아이들도 존중이나 도움, 감사, 사랑과 같은 단어를 들으면 마음의 파도가 잔잔해진다. 마음속에 딴생각이 들어있는 아이라고 해도, 정중하게 요청하고 자기를 존중해 주면 수업에 방해하지 않았다.

믿기 어려울 정도로 개구쟁이들이 있는 초등학교의 수업도 마찬가지다. 외부 강사로 들어가서 수업을 즐겁게 해내는 것은 나의 힘이 아니다. 미덕의 힘이었다. 아이들은 인성의 광산에 박혀 있는 미덕이 있다는 사실을 듣고 나면, 자신의 미덕을 스스로 밝힌다. 그렇게 버츄프로젝트와 함께했던 독서 수업은 놀라울 정도로 평화롭고 의미 있는 시간이었다.

2018년 가을 통영 도산에 있는 가오치 선착장에서 9시 배를 타고, 섬에 있는 중학교에서 수업이 있는 날이었다. 넉넉하게 5시 알람을 맞춰놓고 7시에 집에서 출발하면 평화롭게 수업에 참여할 수 있도록 계획을 세웠다. 알람이 아니라 고요함에서 두 눈을 떴는데 6시 30분이 넘었다. 남편이 알람을 끄고 20분쯤 있다 깨워주려고 했는데 깜박 잠이 들었다고 한다.

'악~~' 소리 칠 시간도 없이 급하게 가방을 챙겨서 7시 10분에 집에서 출발했다. 정신없이 나왔지만, 8시 20분에는 도착할 수 있었다. 느긋하게 운전대를 잡고 30분쯤 도로를 달렸다. 창원에서 마산 진동을 지나 진전 터널을 지날 즈음, 지갑이 없음을 알았다. 순간 머리가 하얗게 백지처럼 깨끗해졌다. 멈추고 지금 필요한 건 뭔지 떠올렸다. 배를 타기 위해서는 신분증이 필요했다.

급히 남편에게 통화하고 중간 지점에서 만나기로 했다. 남편을 기다리는 동안 배를 놓칠까 봐 조마조마했다. 긴장과 걱정, 불안이 나를 엄습했다. 내가 할 수 있는 것은 버츄카드를 뽑는 것뿐이었다. 카드를 잘 섞어 한 장을 뽑았다. '상냥함'이다. 상냥함과 거리가 먼 이 상황에서, 내가 선택한 선물이었다. 다시 뽑을 여유 없이 천천히 소리 내어 읽어 내려갔다.

"상냥함이란 몸가짐이 신중하고, 손길은 부드러우며, 무엇을 줄 때는 조심스럽고, 말씨가 공손하며, 생각도 사려 깊은 것을 말합니다." 아, 도저히 상냥할 수 없는 순간이었다. 남편이 알람만 끄지 않았어도, 급히 서두느라 지갑을 두고 오는 일은 없었을 텐데, 수업을 못 하면 어쩌지? 온갖 생각들이 나를 부여잡고 있는 순간에 나를 배려해 남편이 알람을 껐다는 것이 보였다.

얼마 지나지 않아 남편의 차가 도착하고, 차 안에는 아직 잠에서 깨지 않은 8살 아들이 있었다. 잠든 아이를 자동차에 태워서 얼마나 급하게 자동차를 달렸을까? 상상할 수 없는 남편의 상냥함과 기지 있는 행동에 감사했다. 나는 불안과 걱정은 내려놓고 감사의 말을 전할 수 있었다. 다시 차를 돌려 항구에 도착하니 8시 45분. 우여곡절 끝에 섬에 도착하여 학생들을 만났다. 미칠 것 같은 긴장이 한순간에 사라졌다.

한 학년 7명의 학생은 꼭 붙어 앉아서 담임 선생님께서 모둠으로 앉으라고 해도 듣지 않았다. '아, 힘들게 왔는데, 지치는

데…….' 결국, 나의 상태를 아이들에게 진심을 담아 말했다. "여러분, 오늘 아침에 여러분들에게 오기 위해 내가 겪은 일은……. 여러분을 만나서 정말 감사하고 기뻐요. 하지만, 아침부터 겪은 일 때문에 나는 너무 지쳐있어요. 나는 여러분에게 최선을 다하고 싶은데 좀 도와줄래요?" 내 마음을 정직하게 들여다 보고 수업을 잘하기 위해 도와달라고 상냥하게 말했다. 정직과 도움, 상냥함을 다 같이 꺼냈다. 담임선생님 말에도 꼼짝하지 않던 아이들이 달라졌다. 이 친구들은 담임 선생님과 함께하는 시간을 너무나 좋아하는 학생들이다. 그래서 외부에서 지원하러 오는 강사들과의 수업을 싫어하는 학생들이라고 담임 선생님께서 끝마치고 말해 주셨다. 버츄 덕분에 수업 내내 우리는 모두 행복했다. 행복은 멀리 있는 것이 아니다. 내가 있는 그 시간이 소중할 때 행복은 그곳에 있다.

버츄프로젝트에서 나오는 버츄카드는 내 가방에 늘 자리를 차지했다. 52장의 카드에서 전해 주는 문장들이 너무 좋아서 시간만 나면 카드를 뽑았다. 혼자가 아니라 함께 하는 동료들이 있어 같이 이야기 나누는 시간 덕분에 버츄카드에 더 빠져들었다.

아들을 키우며 질문했던 것들, 그 속에서 찾은 답은 귀하지 않은 존재는 없다는 확신이었다. 존재를 빛나게 해주는 미덕, 버츄프로젝트는 사람을 온전히 행복하게 해주는 행복의 보석이다.

3-3 처음으로 아들과 떨어졌을 때

2019년 8월 주말에 미덕을 연구하기 위한 '덕큰나래' 모임이 예정되어 있었다. 서울로 가야 하는데 아들이 걱정이었다. 엄마가 된 이후 아들과 떨어진 적이 없었다. 남편이 늦게까지 일해야 하는 상황이라 아이를 온종일 혼자 두고 가야 해서 마음이 편치 않았다. 서울이라고 하면 임신을 시도하기 위해 방문했던 경험밖에는 없었다. 경상도밖에 모르는 창원 여자인 내게 서울은 멀게만 느껴졌다. 아이를 집에 두고 서울까지 가려니 행여나 무슨 일이라도 있을까 싶어 먼 여행을 결정하기 어려웠다. 다행히 이웃에서 돌봐주기로 했기에 잠든 아들을 두고 새벽 첫차를 타고 서울로 향했다. 서울에 있는 동안 매 순간 아들에게 무슨 일이 생겼다고 연락이라도 오지 않을까 걱정을 떨치지 못한 불편한 시간이었다.

오전 모임을 마치자 점심도 먹지 않고 아들에게 향했다. 고

속도로 휴게소에서 배고픔만 겨우 달래며 창원으로 왔다. 여행 내내 걱정스러운 소식에 전화벨이 울리지 않기를 간절히 원했다. 걱정되는 마음과 서둘렀던 여행의 피로를 안고 마침내 귀가했다. “엄마! 보고 싶었어.” 해 맑은 아들의 미소와 인사가 피로와 걱정을 녹였다. 새벽, 아이가 깨기 전에 서울행 첫 버스를 타고 출발했으니, 오늘은 엄마를 처음 보는 것이다. 아들의 미소와 보고 싶었다는 말만으로도 긴 하루의 피곤이 날아갈 듯 가벼웠다.

아들이 내 손을 이끌고 주방으로 데려갔다. 싱크대 가득 참외 껍질들이 쌓여 있고 그 아래에 도마가 삐죽 나와 있었다. 싱크대 모습에 나의 가벼움은 당혹감과 놀라움으로 바뀌었다. 껍질을 벗겨 놓았다기에는 참외 겉 부분이 너무도 두껍게 썰어져 있어서 마땅히 해석하기가 어려운 수준이다. 마치 참외를 도마에 올려놓고 칼로 썰어놓지 않고서야 나올 수 없는 모습이었다. 도대체 짐작이 가지 않는 상황이다. 남편은 회사에 있었고, 시현이는 친구 집에 보호를 부탁한 터라 이해하기 힘들었다. 우선 내 손을 끌고 주방을 보여준 아들에게 물었다.

“시현아, 이게 어떻게 된 건지 너는 혹시 아니?”

아이가 해맑게 웃으며 대답했다.

“응, 아까, 놀이터에서 놀다가 친구들이랑 집에 왔는데, 먹을 걸 줘야 하잖아. 참외가 먹고 싶다고 해서 같이 먹었어."

그 말에 아이의 몸이 상한 곳은 없는지 확인부터 했다. 놀라움과 안도가 물밀듯이 밀려왔다. 9살 아이들이 놀이터에서 놀다가 아무도 없는 우리 집에 왔다. 물만 마시고 나가려다, 친구가 왔으니, 뭔가 먹을 것을 줘야 할 것 같았다고 한다. 아이가 빛냈던 행동에 감동이 밀려왔다.

시현이는 과일을 좋아한다. 그중에서 여름이 올 때쯤 맛볼 수 있는 향긋하고 달콤한 참외는 최고로 좋아하는 과일이다. 사실 참외는 잘 익은 여부와 상관없이 좋아했다. 참외의 계절이 오면 떨어지지 않고 언제든 먹을 수 있도록 해준다. 친구들이 집에 왔는데, 참외가 있다는 것이 떠올랐다고 한다. 엄마가 없으니 자기가 참외를 줘야겠다고 마음먹고, 지금까지 단 한 번도 만져 본 적 없던 커다란 칼을 잡았다. 도마 위에 척하니 올려져 있는 커다란 식칼이 나 보란 듯 위협적으로 누워있다. 초등학교 2학년 아들이 커다란 식칼을 만질 때 어떤 마음이었을까?

최근에 칼에 손을 베어 피가 나는 손가락에 밴드를 붙이던 엄마의 모습을 아들은 기억한다. 처음 만져보았을 칼 앞에 두려웠을 것이다. 그리고 친구들 입에 들어갈 맛있는 참외를 생각하며 식칼을 잡았을 것이다. 게다가 맛있게 먹는 친구들의 모습에 참외를 3개씩 봉지에 담에서 집에 갈 때 나누어 주었다고 한다. 9살 남자아이 세 명이 모여 참외를 나누어 먹는 모습이 그려진다. 집을 떠나는 친구들을 배웅하는 아들의 모습까지 생생하게 그려졌다. 싱크대에 처참하게 잘려져 있던 참외 껍질에서 아들의 당당하고 너그러운 모습까지 담겨 있었다. 검은 봉지에 참외를 담아서 두 친구 손에 쥐여주는 아들의 모습은 상상만으로도 너무 아름다웠다.

버츄프로젝트가 알려주는 철학인 '모든 사람의 인성의 광산에는 모든 미덕의 보석이 있다.'라는 이 문장이 무조건 좋았다. 세상에 수많은 사람 중에 좋은 행동을 하는 사람도 많고 그렇지 않은 사람도 있다. '모든 사람'이라고 하니, 나도 괜찮은 사람이었다는 걸 내게 말해 주고 있었다. 부족한 것은 내 안의 미덕들이 연마되지 않았을 뿐, 내 존재가 잘못된 것은 아니었다. 덕분에 아이를 양육할 때 당당하게 바라볼 수 있었다. '엄마도 잘못할 수 있고, 그럴 때는 용서해주면 좋겠어. 물론 너도 잘못할 수 있어, 괜찮아.' 잘못을 통해 배우면서 살아간다는 것을 아이에게 말해주었다.

미덕을 연마하는 것이 완전하지도 못하고, 제대로 하지도 못한다. 때때로 아예 잊어버리고 일상을 살아갈 때도 많다. 아들은 부모가 보여주는 모습에서, 좋은 것도, 나쁜 것도, 곧잘 자기 것으로 만들어 내게 선물처럼 기쁨을 주기도 한다. 하지만 그보다 자주 내가 고치고 싶은 행동을 아들도 보여준다. 해야 할 일이 있는데도 침대에 누워 '엄마, 5분만 더 있다 일어날게.' 라고 말하는 사람은 바로 나였다. 전화 통화를 하다가 내 용건이 다 끝나면 상대가 용건이 남았는지 확인도 하지 않고 '먼저 끊는 사람' 도 나였다. 아들을 보며 가끔 터지는 울화통이 느껴지는 지점이 사실은 내 모습이었다. 아들을 보며 나를 돌아본다. 자녀는 부모의 거울이라고 하지 않는가. 과거에는 나를 닮은 아들의 행동을 부끄럽게 여기고, 잘못됐다고 틀렸다고, 바꾸라고 야단쳤을 거다.

서양 동화 중에 <핑크 대왕 퍼시>가 있다. 핑크색을 너무 좋아하는 퍼시 왕은 자신의 왕국에 있는 모든 물건을 핑크색으로 갖춰 놓았다. 핑크색 숟가락, 옷장, 계단, 건물뿐만 아니라 핑크색 옷을 입은 사람, 머리카락, 신발은 물론 꽃과 나무, 강물에도 핑크색으로 바꾸었다. 신하와 백성에게는 괴로운 일이었지만 왕의 명령이니 어쩔 수 없이 따랐다. 그런데, 눈에 보이는 모든 것을 핑크색으로 바꿀 수 있었지만, 오직 한 곳 바꿀 수 없는 곳이 있었다. 하늘이었다. 퍼시 왕은 현자를 찾아가 도움을 청했다. 고민하던 현자는 퍼시 왕에게 핑크색 렌즈의 안경을 선물한다. 퍼시 왕은 핑크색 안경으로 세상을 바라봤다. 퍼시 왕뿐만 아니라 신하와 백성, 그리고 자연까지 행복하게 되었다.

퍼시 왕이 행복하게 된 이유는 자기가 원하는 바를 핑크색 렌즈의 안경을 통해 볼 수 있기 때문이다. 나 역시 마찬가지였다. 전화를 끊는 순간은 모든 이야기가 종료되었다고 믿었다. 그런데, 아들과 통화하면서 평소 내 행동을 봤다. 내가 할 말이 남았는데, 아들이 전화를 먼저 끊어서 속상했다. 상대에게 할 말이 남았는지 확인조차 하지 않고 먼저 전화를 끊어버리는 배려심을 놓친 행동이라고 아들을 탓하고 싶었다. 잠시 멈추었다. 야단치고 화를 내기 전에 미덕의 안경을 써보았다. 핑크 안경처럼 미덕의 안경을 쓰고, 다시 아들을 돌아보았다. 용건이 다 끝났다고 믿은 '확신이 있었구나. 그래서 소신껏 전화를 끊었어' 라고 생각할 수 있었다. 다음에는 혹시 모르니 상대방이 하고 싶은 말이 남았는지 확인하기 위해 물어봐 주고, 기다려 주는 배려심과 친절이 필요하다고 아들에게 말했다. 사실 이 말은 나 자신에게 하는 말이었다. 결과에 대해 나무라기 전에 미덕의 안경을 쓰고 행동을 바라보는 것이 필요하다. 이후에 내 행동이 최선이었는지 돌아보면 된다. 퍼시 왕이 핑크

렌즈로 세상을 바라보는 것과 같이 미덕의 안경을 쓰고 세상을 바라본다면 더없이 행복하다.

미덕의 안경을 쓰면, 하나의 행동에도 다양한 미덕을 찾을 수 있다. 친구들을 초대하여 먹을 것을 챙겨 주어야 한다고 생각했을 때, 배려와 친절을 떠올렸다. 동시에 아들은, 커다란 식칼을 보며 두려움에 자신의 안전을 생각하며 '이건 옳지 않아. 위험한 행동이야' 라고 멈추고 안전을 위한 절도의 미덕을 빛낼 수도 있었을 것이다. 절도 대신에 아들은 두려움 앞에 용기의 미덕을 선택했다.

때로는 나를 위해 미덕을 발휘할 수도 있고 타인을 위해 미덕을 빛낼 수도 있다. 너무나 당연하지만 잊지 말아야 할 것은 버츄프로젝트의 철학 '모든 사람의 인성의 광산에는 모든 미덕의 보석이 박혀 있다.' 이다. 여기에 있는 '모든' 을 잊지 않기 위해 나도 아들에게도 말한다. 모든 미덕을 가진 나도 소중하지만, 우리의 친구들, 세상의 모든 사람이 다 소중하다는 것이다. 나를 위해 미덕을 빛내는 것도, 타인을 먼저 생각하며 미덕을 빛내는 것도 다 같이 귀하고 아름다운 행동이다. 아들이 나누어준 참외는 소중한 친구들을 위한 친절과 배려, 그리고사랑이었다. 칼이라는 두려운 존재 앞에서 용기를 선택했다. 버츄프로젝트에서 선정한 52가지 미덕, 아니 우리가 가지고 있는 수백 개의 미덕 들 중에서 소중한 사람을 위해 했던 행동에 어떤 미덕이 있었는지 찾아볼 수 있다.

우리가 마주하는 상황이나 결과를 끌어내는 과정에서 미덕이 우리를 움직이게 한다. 미덕을 찾지 못하는 이유는 미덕의 안경으로 바라보지 않았기 때문이고, 미덕이 나를 이끌고 있다는 것을 몰랐을 뿐이다. 알고 보면 우리는 살아오면서 어마어마하게 많은 미덕을 빛내고 있었다.

3-4 달리기만 잘하면 못 먹고 산다

시현이는 숲 유치원에서 자랐다. 숲에서 논을 만들어 벼를 심고, 밭을 일구어 고추, 오이, 고구마와 같은 작물을 재배했다. 닭, 토끼, 염소도 키웠다. 때로는 산에 있던 동물들이 숲 유치원으로 내려오곤 했다. 이런 날이면 숲 동물들을 따라 뛰어다니기도 했다. 처음에는 산에서 내려오는 동물들이 신기해 쳐다보던 아이들이 어느새 자연을 삶의 한 부분으로 자연스럽게 받아들이기 시작했다. 자연과 하나가 되어 자라는 아이들은 재능도 많다. 함박웃음은 다들 비슷했지만, 재능만큼은 아이들 각자가 달랐다. 나무에 잘 오르는 아이, 숲에서 키우던 닭을 잘 잡는 아이도 있다. 벼를 잘 심는 아이, 개울물에서 지치지 않고 잘 노는 아이, 모내기를 위해 논에 물을 받아놓으면, 그 진흙탕 같은 논에서도 헤엄치는 아이가 있었다. 나이 어린 동생을 잘 돌보는 아이 등 각자가 잘하는 걸 발견할 수 있었다. 숲에서는 아이들의 다재다능함을 쉽게 발견할 수 있다. 아이들 각자가 자신의 재능을 알아가고, 친구들의 재능도 자연스럽게 배워갔다.

동생들을 잘 돌보는 재능을 가진 시현이는 키는 작지만, 몸이 날렵하다. 달리기를 잘했다. 유치원생 중 달리기에서 최고라 부를 만큼 빨랐다. 숲에서 달리고 온 날에는 항상 이야기한다. "엄마~, 숲에 가는 길에 내가 제일 빨리 달렸어." 달리기 잘하는 것이 아이에게는 기쁨이며 자랑이었다. 학교에 입학하면서부터 자신이 잘하는 달리기를 뽐낼 기회가 많지 않았다. 가만히 앉아서 공부하거나, 사뿐사뿐 걸어 다녀야 하는 복도는 조금씩 아이가 좋아하던 달리기를 잊어버리게 했다. 그러다 학교 체육 대회가 있던 날, 학급에서 제일 빨랐다는 이야기를 다시 하며 기쁨에 미소를 짓던 아이다. 잊고 있었던 달리기를 떠올리며 잘하는 것이 있다는 걸 깨닫고 숲길을 달렸던 이야기를 한참 동안 했다.

엄마라고 해도 내 아이가 어떤 재능이 있는지 정확히 알기는 힘들다. 아이가 미래에 어떤 일을 할지 모른다. 달리기를 좋아한다고 해도, 그게 재능이라 확실하게 믿고 밀어줄 용기가 없다. 파프리카를 싫어하고, 고사리나물을 좋아한다는 입맛은 알고 있지만 부끄럽게도 다른 것은 잘 모르겠다. 그나마 좋아하는 입맛도 바뀐다. 아이가 좋아하고 싫어하는 것도, 입맛처럼 곧잘 바뀐다. 이것들이 장래에 아이에게 어떤 영향을 미칠지 확신하지 못하니 그냥 지켜만 본다. 나뿐만이 아니라 많은 부모가 같은 마음일 것이다.

초등학교 2학년이지만 학교에 다니는 것 말고는 학원은커녕 방과후 수업조차 듣지 않는 아들이었다. 아들이 잘하는 게 뭔지 알 수 없었다. 내 욕심에는 학교의 다양한 방과후 프로그램에서 아이가 새로운 것에 재미를 느끼지 않을까 싶었다. 그걸로 아이의 재능을 발견할 기회가 될 수도 있겠다 싶었다. 그때, 이웃에 있던 학교 친구 엄마로부터 학교 아이들에게 인기 많다는 '로봇 만들기'와 '창의 미술' 프로그램을 소개받았다. 소개받은 프로그램을 아들에게 권해보았다. 당시 아들은 싫다고 했고, 회유도 해보았다. 아들의 호응을 얻지 못하니 내가 할 수 있는 게 없었다.

답답한 마음이 있어도 아이에게 필요한 게 뭔지 찾지 못하니 지켜보기만 했다. 아이가 어떤 말을 하는지, 무슨 일들이 있었는지와 같이 아이의 일상에 귀를 기울였다. 하루는 시험 점수가 나빠서 눈물이 맺혀서 집에 왔다. "엄마, 나는 돌머리인가 봐, 친구들이 놀리는 것 같아 부끄러워."라고 흐느낄 때, 아이의 부끄러운 마음이 내 것 같았다. '공부하라고 할 때 좀 하지.' 하며 올라오는 마음을 숨기기 위해 '존중'이 필요했다. 아이의 마음에 귀를 기울여 주었다. '시험 점수가 낮아서 속상했구나, 부끄럽기까지 했구나.' 그 순간에도 아들이 원하는 것이 무엇인지 귀 기울였다.

이런 내 모습을 보면서, 남편은 '아이를 이대로 두면 자존감이 떨어지고 결국 공부에서 멀어질 것이다'라고 하며 학원을 보내자고 했다. 고민했지만 결정 내리기가 쉽지 않았다. 남편의 말이 맞을 것 같았다. 훗날, 아이로부터 '학원 가기 싫다고 해도 억지로라도 보내주셨으면 좋았을 거예요. 공부하기 싫다고 해도 하라고 시키셨으면 공부했을 거예요. 그랬더라면 지금은 더 좋은 삶을 살 거예요.'라고 원망하지 않을까 걱정되었다. 그때, 나를 되돌아보았다. 내가 지금 아이 곁에 있는 이유가 뭐였지? '아이가 원하는 것이 있을 때 밀어주자'라고 생각했다. 일을 그만두고 육아에 전념하기로 했던 지난 시간이 주마등처럼 지나갔다. 공부 때문에 눈물 맺혀 있는 아들의 얼굴을 보니 내가 지나왔던 10년에 가까운 시간의 방향을 바꾸어야 하는 건 아닌지 고민했다. 이러지도 저러지도 못하고 고민만 깊어져 가던 어느 날, 끝내 아들에게 말했다.

"시현아, 공부를 잘하고 싶다면, 공부하기 위해 시간을 들여야 해. 영어와 수학 학원에 다니자."

"엄마, 꼭 학원에 다녀야지만 공부를 하는 거야?"

집에서 오롯이 육아하겠다고 직장을 그만두었을 때, 나는 내가 벌어들이는 돈보다 더 중요한 것이 아이의 교육과 양육이었다. 그래서 엄마라는 역할을 직업으로 생각하고 온 힘을 기울이자고 마음먹었다. 아이를 위해 공부를 시작했고, 그 공부가 나를 바꾸어가고 있었다. 그런데, '공부는 학원에 다녀야지만 하는 거야?' 라는 아들의 질문이 내게 하는 말처럼 들렸다. 내게 해주는 말이었다.

학원 대신 우리가 선택한 건, 내가 아이를 가르쳐줄 수 있는 데까지는 함께 한다는 것이었다. 그래서 한글도, 덧셈, 뺄셈도 아이가 필요한 시기에 함께했다. 아이는 공부는 어렵지만 새로운 것을 배우는 것으로 생각하며 학교생활을 하고 있었다. 공부가 싫다는 말도, 좋다는 말도 아직 없다. 단지 공부라는 것보다 더 좋은 피아노와 택견이 있으며, 그보다 더 좋은 친구와 놀기가 있다. 학원을 보내야 할 것 같은 우리 부부의 마음은 '공부는 학원에서만 가능한가?' 에 대한 아들의 지혜로운 질문으로 일단락되었다.

코로나로 친구들과 접촉이 줄어들었지만 학교가 집보다는 즐겁다. 친구가 있고 새로운 것들이 있기 때문이다. 이런 아들을 보면서 알 수 없는 것이 방학이 기다려지고 방학이 더 길었으면 좋겠다는 입에 발린 소리였다. 아이들은 새로움이 주는 희열과 안락함이 주는 편안함의 갈림길 중 하나를 선택하는 중인지도 모른다. 대부분의 아이는 결국 안락함이 주는 편안함을 선택한다. 하지만 마음속에는 가지 않은 길, 새로움이 주는 희열을 선택한 사람을 동경하며 살아간다.

공부는 집에서 할 것처럼 말하던 아들은 공부하겠다던 마음은 잊고 학교생활을 했다. 그런 아들이 3학년이 되어 가장 친한 친구가 한 말에 상처받고 하소연했다.

"엄마, 친구가 나보고 '에이, 박시현, 너처럼 달리기만 잘해서는 안 된다. 나중에 못 먹고 산다.' 라고 했어. 그리고, 나보고 '영어를 그렇게 못 해서 어떻게 할래!' 라고 했어." 아이의 이야기를 들으며, 마치 어른의 잔소리를 듣는 것처럼 느껴졌다. 그 아이의 부모가 해오던 얘기를 도돌이표처럼 한 말이겠지만, 부모인 나에게는 비수가 되어 꽂혔다.

사실 학교에서는 달리기를 통해 자신을 밖으로 드러낼 기회가 많지는 않다. 도시의 아이들은 놀이할 때도 달리는 게 드물다. 그러니 시현이가 자랑으로 삼았던 달리기는 자연스럽게 잊혀가고 있었다. 이때 친구가 날렸던 한 마디는 아이가 자신을 바라보게 했다. 하루는 아이가 말했다. "엄마, 나 공부해야겠어." 한편으로는 기뻤지만, 다른 한편으로는 가슴 아팠다. 여전히 학원은 싫고, 엄마에게 손을 내밀었다. 아들이 나에게 손 내밀에 주니 기쁘고 감사했다. 아이와 조금씩 공부를 시작했다. 스스로 원할 때까지 기다려 주기가 힘들었던 순간들이 주마등처럼 지나갔다.

아이들마다 자신만의 달란트가 있다. 달리기를 잘하는 신체 능력이 뛰어난 아이, 친구 마음을 잘 헤아리는 공감 능력이 높은 아이, 예술적인 감각이 뛰어난 아이, 자연의 아름다움을 감상하는 능력이 뛰어난 아이도 있다. 각자가 다른 재능이 있다. 그런데 자기의 재능이 무엇인지도 모르는 경우도 많다. 재능을 알고 있다고 해도 재능을 좇아서만 살아가는 용기를 가진 사람은 몇이나 될까? 우리는 타고난 재능이 아니라 학교 교육과정과 성적이 먼저 갖춰져야만 하는 시스템에서 살았다. 왜 우리 사회는 남보다 뛰어난 성적이라는 평가 기준으로 자기의 존재를 바라보게 하는 걸까? 초등학교 1학년이 받아쓰기 못하는 것 하나만으로 '돌머리'라고 인식하게 할 만큼 편협한 잣대를 자기에게 갖게 만든 건 누굴까? 고민했던 시간을 돌아보면, 새삼 지금의 행복이 얼마나 중요한지 떠오른다. 아이를 키우는 내내 행복한 성장을 위해 마음 썼다. 행복하게 자란 아이가 건강하고, 행복한 어른이 된다는 믿음 때문이었다.

공부도 잘하고 싶지만, 그보다 더 잘하고 싶은 운동, 피아노, 미술을 찾아낸 아들은 건강하게 학교생활을 하고 있다. 공부 때문에 의기소침하거나 눈물 흘리며 손을 내밀 때마다 "그래, 이제 공부 좀 해 볼래?"라고 묻지 않았다. 공부를 잘하는 것도 좋지만, 아들이 잘할 수 있는 것은 그것 말고도 무수히 많다는 것을 알려 주고 싶었다. 공부도 중요하지만 '그게 다는 아니야.', '괜찮아.'라고 먼저 말해주었다.

"시현아, 너는 엄마가 너에게 자주 해주는 말이 뭐니?"라고 물으면 아이가 대답한다.

"나를 보석이라고 부르잖아."

말로만 보석이라고 부르지 말고, 지금 이 모습 그대로 아들을 '보석'으로 보려면 내 마음의 눈이 먼저 떠야 했다. 미덕의 광산이라는 아름다운 존재를 잊지 않아야 했다.

3-5 엄마, 공부 좀 도와줘!

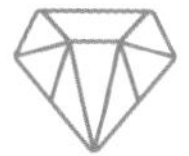

이제나저제나 남편의 눈치를 보던 때였다. 1학년 2학기 받아쓰기 점수 10점으로 아이가 맥없이 눈물 흘렸을 때는 별말 없던 남편이, 아이가 3학년 들어서 학원 보내라고 재촉했다.

"이러다가 시간이 더 늦어지면 따라가지 못한다."

"아이가 친구들보다 못하다고 자신을 비난하고 자존감 떨어진다."

그때마다 나는 조금만 더 기다려보자고 했다. 어떤 날은 나도 화가 나서 쏘아붙이기로 했다. "시현이가 싫다고 하는데 어쩌라고!" 갈등이 깊어질 즈음에 시현이는 "엄마, 나도 영어 잘하고 싶어."라고 했다. 친구 중에 엄마가 영어 교사인 아이가 있는데, 그 친구가 조언한 모양이었다. 친구의 조언에 따라 공부하겠다고 말하는 것이었다. 이게 웬 횡재냐 싶었다. 남편과의 갈등도 끝이었다. 그런데 시현이가 생각하지도 못한 말을 했다. “엄마, 학원에 가면 7살도 영어로 말한데.” 시현이의 얘기를 들어보니 학원에 다니고 싶은 것이 아니었다. 자신의 수준이 동생들보다 낮은 것을 알면서, 비교되는 것이 싫었던 것이었다.

3학년 들어서 시현이의 영어 수준은 알파벳의 대문자는 대략 알고 알파벳 노래를 부르는 정도였다. 소문자는 모르는 것이 더 많았다. 2학년 때 영어 그림책을 읽어줄 때 알파벳을 유의해서 읽어준 덕분에 알파벳을 조금 아는 수준이었다. 3학년부터 영어 과목이 교과에 들어있었다. 시현이 말처럼 학원에 가면 예민한 아이가 힘들 수밖에 없었다.

게다가 3학년 담임 선생님으로부터 연락도 받았다. 학교에 남겨서 수학을 가르쳐 주고 싶은데 시현이가 엄마가 기다린다고 집에 가야 한다니, 허락을 구하는 것이었다. 제대로 가르치지 않은 것이 이제야 돌아오나 싶어 답답했다. 3학년부터는 수학에 곱셈이 들어가는데, 시현이는 구구단을 암기하지 못했다. 유치원 때 키즈카페 가면 구구단 송이 끊임없이 흘러나왔다. 구구단이라는 단어는 알지만 암기하지 못했다. 수학학원에 가지 않겠다는 아들의 마음을 이해할 수 있었다. 아들의 학습은 내 몫이었다.

3학년 1학기 여름 방학부터 후행 학습으로 수학 교과서와 수학 익힘책을 모두 다시 풀었다. 영어는 매일 그림책 1권을 3번씩 함께 읽었다. 구구단은 외우기 싫어하니, 곱셈의 개념을 명확히 가르쳐 주었다.

수학 후행 학습과 영어 그림책 읽기에 집중했다. 쉬운 영어 그림책을 스스로 읽고, 곱셈도 속도는 늦지만 가능했다. 시현이는 공부하면 실력이 나아진다는 것을 알았다. 어느 정도 학습의 방향을 잡았으나, 문제는 다른 곳에서 찾아왔다. 코로나19가 장기화하면서 등교가 제대로 이루어지지 않는다는 점이었다. 정규교육이 느슨해지고, 학교에 다니지 않으니 학습에 대한 집중도 또한 무너졌다.

4학년 1학기 다시 담임 선생님의 전화를 받고서야 '아차!' 싶었다. 곱셈에 나눗셈까지 겹쳐있었다. 시현이는 여전히 구구단을 모른다. 곱셈의 원리를 아는 것으로 수학 문제를 풀기에는 시간 싸움이 되지 않았다. 이런 상황에서도 아이가 '공부를 잘하고 싶어'라는 것이, 우리가 가진 희망이었다. 알파벳을 다 알고, 한글 공부하듯이 영어의 흐름을 잡아갔다. 주변에 무수히 많은 영어 단어들로 대화를 나누었다. "하늘은 영어로 뭘까" "구름은", "저기 간판에 보이는 C, A, T는 어떻게 읽을까" 그림책을 읽으며 우리의 일상에서 널려 있는 낱말을 영어 단어와 연결했다. 영어 공부는 책과 아이의 일상에 연결해서 이야기 나누는 것으로 했다. 책만으로 공부하는 것보다 훨씬 효과가 있었다.

대화를 나누며 영어를 깨우쳐가니 말로 표현하는데 자신감이 생겼다. 3학년 때 너무 힘들어서 2번째로 싫었던 영어가 가장 좋아하는 교과목이 되어있었다. 물론 첫 번째로 싫어하는 과목은 수학이었다. 영어는 원어민 선생님과 함께하니 재미있어했지만, 수학은 수업 진도를 따라가지 못해 괴로운 시간이었다.

4학년 1학기 말경, 담임 선생님과 통화했다. 나를 감동하게 만든 선생님 말씀이 있다. "시현이는 놀랍도록 집중해서 수업에 참여해요. 다른 친구들은 딴짓도 많이 하는데, 시현이의 모습이 다른 학생에게 모범이 됩니다." 물론 이 말 뒤에 시현이가 왜 수업에 열중할 수밖에 없는지 이야기 나누었다. 모르니까, 알고 싶어서 집중했고 수업 시간을 좋아했다. 이렇게 수업 시간에 선생님의 말씀을 따라가기 위해 온 신경을 집중하고 열심히 노력하는 시현이 모습이 그려졌다. 그런데 다른 과목은 따라갈 수 있었지만, 수학에서 아이가 힘들어했다는 것이다.

방학 기간 후행 학습으로 수학 교육 과정을 따라가기는 어려웠다. 수학 공부를 위해 다른 방법을 찾아야 했다. 4학년 여름방학 막바지에 이르러 아들과 이야기했다. 학기 중에 매일 수학 교과서와 수학 익힘책을 한바닥씩 공부하기로 했다. 미리 예습하고 수업에 참여하는 것이다. 나의 제안에 아들이 흔쾌히 동의했고, 3개월을 달려오고 있다. 지금 시현이 수준은 어떠냐고 물어볼 필요 없이 먼저 아들이 말문을 열었다.

"엄마, 목요일은 애매한 날이야!"

"왜"

"목요일은 수학도 없고, 체육도 없거든."

"시현이가 가장 좋아하는 체육이 없고, 가장 싫어하는 수학이 없어서 좋은 것도 싫은 것도 아니라는 말이니"

"아, 그게 아닌데, 체육도 좋지만, 수학도 가장 좋거든, 전에는 국어가 제일 좋았는데, 이제는 수학이 더 좋아졌어."

"와, 시현이가 근면하게 빠지지 않고 수학을 예습하더니, 수학이 싫지 않고 좋아졌다는 말이구나. 엄마와의 약속을 책임감 있게 지켜줘서 감사하고, 수학이 좋아졌다니 기쁜데."

목요일은 가장 좋아하는 체육과, 수학이 모두 없는 날이라 아쉽다는 것을 애매하다고 말했다. 아침 식탁에서 행복을 맛보는 시간이었다. 공부가 놀이가 되기를 바라지만, 그것은 나의 희망 사항일 뿐이다. 아이가 1년 전만 해도 고통스러워하던 수학을 즐기고 있다는 것에 만족한다. 여전히 친구들과 놀이터에서 노는 것을 더 좋아한다. 그게 안 되면 '스마트폰으로 노는 것이 공부보다는 좋다' 라고 말하는 보통의 아이다. 이 아이가 공부로 좌절하지 않고 '엄마, 공부 좀 도와줘!' 라고 말해주기를 애타게 기다렸다.

지난 1년 아이가 공부하겠다는 의지가 생기기까지, 학습에 관하여 남편과의 갈등이 있었다. 아이 공부는 엄마인 내가 할 수 있는 데까지 도와주겠다고 했다. 내 말에 불안과 걱정을 갖고도 남편은 잘 버텨줬다. 나는 학습의 방향을 잡기 위해 아이와 공부에 대한 대화를 자주 했다. 아이가 하고 싶은 것이 무엇인지 물었고, 엄마가 원하는 것도 말했다. 게임과 놀이도 중요하지만, 학습도 필요하다는 것을 알려 주었다. 네가 원하는 것, 하고 싶은 것을 하기 위해서 당당하게 말할 수 있는 소신을 빛내어 달라고 당부했다. 아울러 엄마와 아빠가 원하는 것을 요청하면 배려해 달라고 했다.

내 불안과 걱정이 아이에게 그대로 전달되지 않도록 말을 하기 전에 멈추고 생각했다. 내가 하는 말이 나와 상대를 죽이기도 하고 살릴 수도 있다. 내 속의 언어를 긍정과 미덕의 언어로 바꾸려고 노력했다. 그래야 밖으로 나오는 언어가 아름다울 수 있기 때문이다.

노는 것이 최고로 좋은 아이를 지켜보며 아이가 공부하겠다는 말이 나올 때까지 기다렸다. 기다림에는 나 자신의 인내(일이 제대로 잘 풀릴 것이라는 차분한 믿음이며 희망)와 내 아이에 대한 존중(귀하게 여겨 보호해 주고 지켜주는 것)이 절대적으로 필요한 시간이었다.

현재 5학년인 아들은 영어와 수학 공부는 스스로 한다. 어느새 훌쩍 커서 영어 알파벳을 알려줄 필요가 없다. 학원이나 영어 교과서로 공부하지는 않는다. 학교 수업과 엄마표로 공부했던 방식만으로 웬만한 영어 문장을 읽고 문법도 혼자서 하고 있다. 수학 역시 교과서에서 모르는 문제는 인터넷을 스승 삼아 공부한다. 공부보다는 노는 걸 더 좋아하니 영어 20분, 수학 30분 학습하는 게 고작이다. 덕분에 짧게 공부하고 더 많이 놀 수 있다. 시간을 지키며 꾸준히 하는 게 어렵기에 나는 아이의 머릿속 생각을 정리해 준다.

"시현아, 오늘은 뭐 할 거야"

"영어하고, 수학 그리고 친구랑 놀 거야!"

자기만의 공부하는 방법을 알아가고 있다. 이게 어떤 결과로 이어질지는 모른다. 아이가 "엄마, 공부도 하면 되는구나!"라고 말한다.

3-6 좌절의 크기, 성장의 크기

내 안의 미덕이 있음을 목격하면, 내가 당당하고 괜찮은 존재로 느껴진다. '버츄프로젝트 워크숍'에는 삶에서 가장 고통스러웠던 기억과 반대로 가장 행복했던 순간을 떠올리는 작업이 있다. 나는 사람에 대한 믿음과 의존성이 높은 편이다. 단순히 물건을 사거나, 집을 바꾸기 위해 하는 계약처럼 중요한 순간에도 누군가 해주는 조언에 귀를 잘 기울인다. 나의 판단보다는 다른 사람의 판단에 따라갔다

내게는 사람이 행복을 가르는 기준이었다. 나 자신이 아니라 곁에 있는 사람이 누구냐가 중요했다. 그런 내게 특별한 친구가 있었다. 타인에게 숨기고 싶은 이야기도 얼마든지 해도 되는 상대였다. 나 또한 그런 존재로서 친구의 경제적인 어려움이나, 가정불화를 들어줄 수 있는 상대였다. 우리는 서로가 절친한 친구라고 말했다.

버츄프로젝트 워크숍이 있기 6년 전쯤 그 친구로부터 사기를 당한 경험이 있다. 금전적인 손실에다 내가 운영하던 사무실마저 고스란히 넘겨야 할 만큼 큰 상처를 받았다. 이후 육아에 매달리며 잊으려고 했지만, 그 충격은 때때로 올라와서 나를 괴롭혔다. 친구에게 배신당했다는 사실은 밤잠을 설치게 했다. 전화번호를 삭제해도 머릿속에 맴도는 숫자들을 기억하는 나 자신이 싫었다. 속았다는 상처는 부끄러움이 되어 남편에게 하소연하는 것으로 견뎠다. 이 사건을 다른 사람에게 말하는 데에도 6년이라는 시간이 걸렸다. 친정과 시댁 가족들에게도 말하지 못할 만큼 부끄러웠고 남편만이 유일하게 내 편이 되어주었다.

잊었다 싶다가도 떠오르고, 그럴 때면 불쾌감이 온 마음을 쓸고 갔다. 6년이라는 시간이 내게는 배신의 상처를 지우는 데는 충분한 시간은 아니었다. 그리고 버츄프로젝트의 두 번째 전략 배움의 순간을 인식하라를 통해 내가 보낸 6년이 아무것도 배우지 못하고 흘려보낸 시간이란 것을 알았다. 친구가 배신했다는 생각에 허우적거리는 대신 다른 길을 선택할 수 있었는데 그러지 못했다.

세상이라는 학교에 태어나면 경험이라는 배움으로 성장한다. 부모의 보호 밑에서 숟가락을 들고, 용변 훈련을 하는 것, 몸을 뒤집고, 걷는 훈련을 한다. 친구를 때리면 안 된다는 것과 같이 초기에 배우는 것뿐만 아니라 학교에서, 친구를 만나면서 나와 다른 사람들에 대해 배운다. 직장에서, 결혼을 통해 타인과 살아가는 것을 배운다. 그 여정에서 맞이하는 실패를 통해 새로운 방법을 익힌다. 시험에 떨어져 다음을 기약해야 하는 순간에도 우리는 배운다. 사업을 하다가도 부도 맞아 전 재산을 잃고 내일을 기약할 수 없는 고난의 순간에 누군가는 좌절로 일어서지 못할 때도 배움이 다시 일어설 수 있게 한다. 실패하는 경험을 통해서 비싼 배움을 얻는다. 우리가 고통과 좌절을 겪을 때 희망보다는 배움이 더 가까이 있다. 살아가는 전 생애, 경험하는 모든 순간은 우리는 배움의 기회로 열려 있다.

우리는 삶에서 시시각각 무수히 많은 경험을 한다. 매 순간을 어떤 모습으로 남길 것인지는 나의 태도에 달려 있다. 『죽음의 수용소에서』 저자 빅터 프랭클은 오스트리아 출신 유대인 의학박사이며 철학박사이다. 2차 세계대전 당시 나치의 강제 수용소에서 겪은 죽음 곁에서 자아를 성찰하고, 인간의 존엄성을 깨우치며 살아남았다. 강제 수용소는 인간의 권리와 존엄성은 찾아보기 힘든 상황이다. 고압 전류가 흐르는 철책으로 달려가 자살하는 사람이 많을 만큼 생존하기 어려운 환경이었다.

수용소에서 크리스마스 다음 날이나, 새해가 오면, 버티지 못하고 죽음에 이르는 수감자들이 유난히 많이 나왔다고 한다. 크리스마스가 지나면 가족을 볼 수 있을 것이라는 희망, 새해가 오기 전에 가족을 만날 수 있을 것이라는 희망이 사라지면서 버텨오던 삶을 놓은 것이다. 죽음의 수용소에서 버텨 내기 위해서는 희망이라는 끈이 필요했다. 사랑하는 대상을 만나게 될 것이라는 희망 말이다.

빅터 프랭클은 강제수용소에서 살아남았다. 그 경험이 바탕이 되어 인간은 아무리 절망스러운 상황에서도, 삶의 의미를 찾을 수 있다는 사실을 잊어서는 안 된다고 말했다. 시련은 그것의 의미를 알게 되는 순간 멈춘다고 한다. 시련을 멈추게 하는 것은 배움이다. 시련과 고통을 버틸 수 있게 하는 것이 사랑이라면, 시련을 멈추고 의미를 발견하도록 하는 것은 배움이다.

빅터 프랭클과는 비교도 안 되는 시련이 왜 내게 다가왔는지 '이 순간 내게 가르쳐주고자 하는 배움이 무엇인가' 를 먼저 떠올렸다면 아픔은 멈추었을 것이다. 그리고 나는 다른 방식으로 삶을 대하는 태도를 배웠을 것이다.

아이들도 마찬가지다. 학생이 시험을 치렀는데 낮은 점수를 받았다고, 스스로 부끄럽다고 눈물을 흘리고 수치스럽게 자신을 대할 수 있다. 반대로 그 순간을 배움의 순간으로 인식할 수 있다. 성적이 낮으니 더 높은 점수를 얻기 위해서는 어떻게 해야 할지 질문하면 다른 결과를 얻을 수 있다. 자신이 정말 원하는 것이 무엇인지 찾아볼 수도 있다. 스스로 질문하고 답을 구한다면, 해결 방법도 찾을 수 있다. 새로운 길이 열리기도 한다. 그게 배움이다.

3년 전 전국택견대회가 울산에서 열렸다. 9살 아들이 참여하여 상대편 선수를 보았더니 키가 작고 왜소했다고 한다. 나이를 물어보니 8살이고 1학년이라고 해서, 동생이라 봐주면서 시합했다. 아들은 상대에게 져서 시합에서 떨어졌다. 시합이 끝나고 나서야 상대 선수가 9살, 같은 2학년이라는 것을 알았다며 분함을 토로했다. 시합에서 온 힘을 다하지 못한 것과 자신을 속인 상대 선수에 대해 분함이 복합적으로 쌓여 힘들어했다. 집에 돌아와 아들과 시합에 관해 이야기했다.

"시현아, 전국대회에서 네가 승리하지 못해 속상해 보이는데, 어때 이번 시합을 통해 너는 무슨 생각이 들었어"

그때 아이는 시합에서는 온 힘을 다해 승패를 가려야 한다는 것과 정당하지 못한 과정을 통해 승리하는 것은 옳지 못하다고 했다.

"그렇다면 경기 전에 네가 빛냈던 미덕은 무엇인지 말해줄래"

"동생이라고 생각하니 배려하고 싶었어."

"시현이가 동생을 위해 배려하고 싶은 마음으로 경기했구나. 그렇다면 다음에 시합하게 되면 어떻게 하고 싶어"

"나이를 묻지 않고, 최선을 다해서 시합할 거야."

"하, 하, 그렇구나. 엄마도 시현이가 다른 사람을 생각하는 배려의 미덕을 발견했어. 그리고, 우승하고 싶었을 텐데, 동생이라 양보하고 싶은 마음에 끝까지 배려를 선택하는 용기도 발견했어. 앞으로 시합에서 정정당당하게 온 힘을 다하겠다는 네 말을 들으니, 너 자신을 소중하게 여기는 절도와 탁월함의 미덕을 빛내 주겠다니 엄마는 기쁘다."라고 이야기했다.

살다 보면 후회와 낙담할 때가 있다. 때로는 슬픔에 목놓아 눈물을 삼킬 때도 있다. 그때 좌절에 깊이 빠져들지 않고 좌절의 크기보다 더 큰 배움으로 성장할 수 있기를 바란다.

3-7 미디어 일기

인간의 삶을 변화시킨 가장 큰 도구가 스마트폰이 아닐까? 스마트폰은 마법의 상자를 손에 쥐고 있는 것과 같다. 길을 안내하고, 각종 정보를 검색할 때 유용하다. 움직이기 싫은 사람에게나, 몇몇 바쁜 사람들, 더 많은 일을 하고 싶은 사람들의 시간을 단축해 더 많은 일을 할 수 있게 만들어 주었다.

하지만 스마트폰의 단점도 있다. 우선 당장 눈이 피로하다. 작은 화면을 계속 보고 있으면 자세가 불편해지고, 심한 경우 목 디스크로 고통을 호소한다. 아들 친구는 초등학교 5학년인데 새벽까지 부모님 몰래 스마트폰을 보느라 잠을 설친다. 스포츠 도박에 빠진 사람은 성인만이 아니다. 어린 학생들도 도박에 빠지고, 야동에 빠진 아이도 있다. 물론 게임에 빠진 아이들도 많다.

장점보다 단점이 더 많다는 것은 지각이 있는 사람들은 다

안다. 그런데, 지금 스마트폰을 사용하지 않는 사람이 얼마나 될까? 악영향을 알면서도 스마트폰이 주는 편리에서 벗어나지 못하고 있다. 스마트폰이 가진 마법에서 벗어나기가 쉽지 않다.

스마트폰이 아이에게 미치는 여러 악영향으로 스마트폰의 노출은 늦으면 늦을수록 좋다고 학자들은 얘기한다. 그렇다면 아이에게 스마트폰은 언제 주는 것이 적당할까? 부모의 영향력이 절대적인 영유아기는 스마트폰을 아이에게 주지 않는 것은 쉽다. 아이를 양육하며 쉽게 키우겠다는 생각만 하지 않으면 된다. 학교에 입학하고 학년이 조금씩 올라가면 "엄마, 다른 친구들은 모두 스마트폰이 있는데, 나만 없어."라는 소리를 듣게 될 때까지 스마트폰을 사지 않았다면 인내를 많이 빛낸 부모이다. 아이를 타이르는 것이 안 되어 싸웠을 수도 있다.

2학년 때, 하루 30분 정도 스마트폰을 아이 손에 쥐여주면서 많은 이야기를 나누었다. 스마트폰이 있으면 즐겁다. 볼 수 있는 게 무궁무진하다. 지루하지 않다. 무수히 많은 장점에 대해 아이와 대화했다. 장점도 있지만 동시에 단점도 있다. 맛있는 치킨, 피자만 먹으면 우리 몸이 나빠질 수 있다. 다양한 음식을 먹어야 한다. 그래야 건강을 유지할 수 있다. 마음도 마찬가지다. 스마트폰을 하다 보면 다른 것은 잊고 빠져들 수 있다. 그렇게 되면 우리에게 필요한 다른 활동을 하지 못하게 된다. 아이에게 좋은 것만 선택하기보다 다양한 것이 필요하다는 것을 알려줘야 했다.

"시현이는 미덕의 보석 중에서 제일 좋은 미덕은 뭐니?"

"당연히 사랑이지!"

"그럼, 52개 미덕 중에서 감사, 존중, 정직, 협동…. 등 다른 미덕은 하나도 빛내지 않고 사랑만 빛내면 어떻게 될까?"

"안 좋지. 사랑도 하고 존중도 하도 목적의식도 필요하지."

"그렇지, 스마트폰은 미덕과 같아. 잘 활용하고, 잘 알아두면 유용하게 기쁨도 되고 도움도 될 수 있어. 52개의 미덕을 모두 빛낼 수 있어. 스마트폰도 마찬가지야. 스마트폰으로 할 수 있는 많은 것들은 앞으로 시현이가 행복하게 살아가는 데 힘이 될 거야. 그런데, 지금처럼 스마트폰으로 게임만 하고 있으면 네 건강을 해칠 수 있어. 그러면 소중한 너를 지킬 수 없을 거야. 스마트폰을 너를 위해서 사용하려면 어떻게 해야 할까?"

하고 싶은 것을 참고, 억제하는 것이나 유용하게 사용할 수 있는 방법을 찾는 것에 '미덕의 울타리'를 적용한다. 스마트폰의 사용에 울타리가 필요하다는 것을 아이가 스스로 인식하는 게 먼저다. 미덕의 울타리는 일종의 규칙이다. 보통 규칙이라고 하면 해서는 안 되는 것을 정한다. 넘어서는 안 되는 것, 하지 말아야 할 것을 정하고 그 안에 들어가지 않으려고 한다. 미덕의 울타리를 만드는 방법은 해서는 안 되는 것이 아니라 해야 할 것을 찾는다. 다음과 같이 네 가지 규칙에 따라 만든다.

우리가 해야 할 것을 찾을 때는 긍정적으로 표현한다. 행동이 무엇인지 구체적인 방법을 찾는다. 그것들을 표현할 때는 과거형이나 미래형이 아니라 현재형으로 표현한다. 그리고 그 행동에 적합한 미덕을 표지판처럼 앞에 세워서 잊지 않도록 한다. 우리는 스마트폰 사용을 위해 다음과 같이 미덕의 울타리를 만들었다.

절도 : 나는 1주일에 5시간 동안 스마트폰을 사용한다.

정돈 : 나는 스마트폰으로 하고 싶은 것이 무엇인지 미리 생각한다.

열정 : 나는 스마트폰을 하는 동안 즐겁게 한다.

기쁨함 : 나는 스마트폰을 하는 동안 엄마의 눈치도 보지 않고 내가 원하는 것을 한다.

'절도', '정돈', '열정', '기뻐함'이라는 미덕으로 푯말을 세워 기억하려고 하지만, 스마트폰을 하다 보면 잊는다. 그것도 종종 잊는다. 그때는 벽에 붙여 놓은 미덕의 푯말을 상기하면서, 아이의 아쉬움을 달랜다. 규칙이 어긋날 때는 아이가 정한 대로 다음에 사용할 스마트폰 시간에 대해 제재를 한다. 아이가 정한 규칙을 스스로 지키지 못했을 때는 아쉽지만, 다음 스마트폰의 시간을 줄이는 것에 기꺼이 동의한다. 그게 자기가 결정한 일을 지키는 것이며 존중하는 것이다.

한 가지에 치중해서 빠지게 되면 건강을 잃거나 다른 소중한 것들을 잃을 수도 있다. 공부나 놀이에 열중해 식사를 거르게 되면 건강을 잃게 된다. 정신적인 삶을 지나치게 추구하는 나머지 현실에서 적응을 못 한다면 건강한 삶이라고 할 수 없다. 아이가 좋아하는 것만 지나치게 따르다가 다른 소중한 것들을 잃지 않기 위해 중용이 필요했다.

제대로 모르는 엄마가 아이에게 가르쳐주는 것은 위험하다. 스마트폰에 대해, 새롭게 출시되는 기계에 대한 사용과 용도에 대해 나는 무지하다. 따라가려면 어렵고, 배워서 하고 싶을 만큼 내게 흥미가 일지 않는다. 그런 걸 아이는 좋아한다. '하지 마'라고 말할 수 없다. 결국, 내가 할 수 있는 가장 기초적인 질문으로 아이의 생각을 열어줄 수밖에 없었다. 무엇을 봤는지, 어떤 게 좋았는지, 왜 좋았는지 등에 관해 이야기 나누었다. 안 좋았던 것도 찾아내려고 애썼다. 그 게임을 하면서 안 좋았던 것은 뭐야? 네가 게임을 만든다면 어떻게 만들고 싶어? 맵이 너무 많아서 찾아다니는 것이 힘들었다면, 줄여본다면 어떤 것을 없애고 싶어?

나는 게임을 거의 해 본 적이 없다. 기껏해야 같은 패턴을 맞춰서 지우는 게임 정도 해 본 경험이 전부다. 제대로 게임을 해 본 적 없기에 나는 아이와 게임 이야기를 나누는 것이 참 어렵다. 게임이나 인터넷에서 유행하는 것들에 보조를 맞출 수 없으니 진지하게 대화 나누기 어렵다. 짧지만 아들 혼자라도 생각할 수 있도록 몇 가지 질문으로 아이의 생각을 호출해 주었다. 이렇게 하고 나면, 아이에게 일기를 쓰자고 했다. 초기에는 게임만 하니 게임 일기였다가 아이가 갈수록 다양한 인터넷에 접속하면서 미디어 일기라고 부르기도 한다.

1주일에 한 번씩 스마트폰의 사용 시간에 대한 규칙을 함께 나눈다. 아이가 어떤 요일에 얼마나 사용하고 싶은지가 가장 큰 틀이다. 약속을 지키지 못했을 때 어떤 식으로 제약을 할 것인지도 아이와 함께 이야기 나눈다. 규칙을 지키면서 유용한 시간이 되기 위해 아이와 나에게는 어떤 미덕이 필요한지도 이야기 나눈다. 스마트폰 사용에 대한 미덕의 울타리를 세우는 행위다.

아이의 행동에 보상을 주듯 게임을 하게 해주거나, 벌을 내리는 것으로 스마트폰 사용을 금지하지 않는다. 약속 시간 외에 아이가 더 하고 싶을 때는 기록을 남기는 조건을 건다. 사실 아이는 게임 일기를 적고 싶어 하지 않았다. 약속 외에 스마트폰을 사용하고 싶다고 할 때 아이의 마음을 존중하면서, 내가 제한하는 제일 나은 방법이었다.

게임과 게임 방송에 몰입하던 시현이는 화내지 않고 스마트폰을 치운다. 대부분 더하지 못해 아쉬워한다. 함께 정한 규칙이니까 자신이 인정한 사실 앞에서 받아들인다. 게임의 시간은 아이가 정하고 엄마인 나는 아이의 이야기를 들어만 준다. 아이가 자기가 한 말을 지킬 수 있도록 도와주는 게 나의 역할이다.

스마트 기기를 아이에게 오롯이 맡겨 둔다는 것이 얼마나 위험한지 알지만, 안 된다고만 할 수는 없다. 이 상황에서 내가 할 수 있는 것은 아이와 계속해서 대화하며 상황에 맞추어 조절해주며 존중하는 것이다. 우리는 다른 방향으로 볼 수 있는 유연성을 빛내야 하고, 나는 아이를 믿어야 한다.

3-8 글이 많은 책은 싫어요

"엄마, 우리 같이 책 읽을까? "

"좋지, 엄마랑 같이 읽고 싶은 거야? "

"응, 그런데, 아빠도 같이."

최근에 아들이 가족 독서 타임을 제안했다. 내가 그렇게 바라던 희망을 아들이 제안해 준 것이다. 그런데, 겨우 세 명이 온 가족인데 지뢰와 같은 존재가 있다. 바로 남편이다. 문체부에서 밝힌, '국민독서 실태조사' 에 따르면 종이책과 전자책을 합쳐서, 한국 성인 평균 독서량은 연간 7.5권이다. 1달에 1권을 채 읽지 않는 남편은 우리나라 평균 독서량을 깎아 먹는 편에 속한다.

책 모임에 가면 듣게 되는 말이 있다. "온 가족이 함께 책 읽어요." 그 말이 그렇게 부러울 수 없다. 아들 덕분에 그토록 부럽게 생각했던 이 말을 어쩌면 내가 할 수도 있겠다 싶었다. 아내인 내가 하는 말은 한쪽 귀로 듣고 다른 귀로 흘려버릴 수 있지만, 아들이 하는 이야기는 다르다. 장난감 사 달라, 게임 하고 싶다는 말이 아니지 않은가? 내 기대를 실현할 기회를 준 아들에게 감사했다.

"아빠, 밤마다 우리 가족 책 읽기 시간 가져볼 거야. 가족 모두. 아빠도 할 거지? " 이렇게 시작된 가족 책 모임이다. 아들이 제안했으니 아들이 모임의 시간을 알리고 책 읽기를 준비하기로 했다. 책은 각자가 읽고 싶은 책으로 읽으면 된다. 아이가 몇 년째 빠져있는 만화책을 남편도 선택했다.

아들은 만화책을 좋아한다. 책 읽기와 그림을 좋아하니 그림책에서 만화책으로 넘어온 것이다. 그런 아들을 보면서 아이가 좋아하는 책을 읽는 것도 좋기는 한데, 좀 더 페이지 수가 많은 책, 글이 많은 책을 읽었으면 좋겠다는 욕심이 생겼다. 솔직히 만화책을 읽는 게 싫었다. 고학년이 되어가는데 좀 더 긴 글로 된 책을 읽었으면 좋겠다는 마음이 자꾸 올라왔다.

"시현아, 1주일에 1권이라도 엄마가 권해주는 책을 읽어주었으면 좋겠는데, 넌 어때? "

"그래, 좋아!"

이렇게 시작된 1권 책 읽기의 도서로 학교 권장 도서 목록에서 뽑아 읽기 시작했다. 황선미의 『마당을 나온 암탉』, 앨윈 브룩스 화이트의 『샬럿의 거미줄』, 에리히 캐스트너의 『에밀과 탐정들』, 루리의 『긴긴밤』, 루이스 새뿔베다의 『갈매기에게 나는 법을 가르쳐준 고양이』를 읽다가 아이의 표정을 보고 로알드 달의 『조지, 마법의 약을 만들다』를 추천하며 읽었지만, 점차 책 읽는 것을 주저하고 있는 아들을 발견했다. 좋은 책을 읽히고 싶다는 욕심은 끝내 교원에서 나오는 그림책 『삼국지』 시리즈까지 내밀었다. 그런데, 평소 만화책에 빠져있던 아이가 글 밥이 많은 동화책을 읽는 것을 슬슬 미루고, 딴짓하며 약속을 지키지 않았다. 아이에게 약속을 지켜달라고 했다. 그때는 억지로 읽었지만, 곧 다음 주가 오면 아이는 본래대로 읽기 싫은 아이로 돌아가 있었다.

나의 인내가 바닥이 날 때쯤에야 이 문제의 원인이 보였다. 내가 원하는 것만 생각하고 있었고, 아이의 마음을 읽지 않고 있었다. 아이가 원하는 것을 듣지 않은 것이다. 엄마의 제안에 아이가 흔쾌히 응했지만, 그 과정이 즐겁지 않았다. 즐겁지 않고, 괴로운 일을 해야 했던 아들의 마음을 생각하니 정신이 들었다. 만화책을 그만 읽고, 글이 많은 책을 읽는 모습을 보고 싶다는 나의 욕심이 아들을 괴롭히고 있었다.

아이에게 좋아하는 것과 싫어하는 목록을 적어달라고 했다. 아이가 좋아하는 것은 더 자주 할 수 있도록 하고, 싫어하지만 그런데도 해야 하는 것은 방법을 바꿔서 즐겁게 할 방법을 찾아보자고 했다. 이렇게 포스트잇에 좋아하는 것과 싫어하는 것을 적어봤다.

〈좋아하는 것〉

친구, 돈, 음식, 영화, TV, 뷔페, 친구들과 유니시티 2단지 놀이터에서 놀기, 보드게임, 집, 파티, 달리기, 가족, 게임, 깨끗한 바다, 택견, 만화책, 인형, 음악, 그림, 학원, 선물, 햄버거, 사탕, 내 몸, 무지개, 학교, 크리스마스

〈싫어하는 것〉

유튜브 광고 2개, 구라(거짓말), 쓰레기, 욕, 외국 욕, 음치, 개인주의, 코로나, 기침, 빨리 일어나기, 비, 잘난 체, 비난, 파프리카, 긴 글 책, 천둥, 이마 점

한때 책의 종류에 구분 없이 '책 읽기'를 좋아한다고 했던 아이였다. 가족 독서를 제안했던 아들이 좋아하는 목록에서 책 읽기가 사라졌다. 대신 '만화책'이 좋아하는 목록에 추가

되어 있다. 싫어하는 목록에 '긴 글 책'이 새로 들어와 있었다. 아이가 적어놓은 목록을 보니, 만화책을 좋아하는 아이에게 '길 글 책'을 밀어붙인 결과가 여지없이 드러났다. 지난 몇 달을 돌아보니 아이가 꾸역꾸역 읽어 냈을 모습이 떠오른다. 한계에 오른 아들에게 책임감을 요구한 나의 모습도 보였다. 책임감을 요구하기 전, 아이의 마음을 먼저 민감하게 알아차렸다면, 좋아하는 목록에서 '책 읽기'가 사라지는 결과는 없었을 것이다. 10년을 아이에게 공들인, 독서 습관이 나의 욕심으로 한순간에 삐걱거렸다.

아이가 좋아하는 것, 가치 있게 생각하는 것을 없애버린 내 욕심이 부끄러웠다. "엄마가 권해주는 책을 읽으면 어때? "라는 엄마의 요청에, "그래, 알겠어."라고 했던 말 때문에 아이는 '긴 글 책'을 몇 달을 읽어 냈다. 읽고, 또 읽고, 매주 그렇게 아이는 버텼다.

아이가 글 밥이 많은 책을 싫어한다는 것을 알고 있었다. 충분히 짐작했다. 좋아하는 책은 만화책이었다. 나는 아이가 좋아하는 것을 무시했고, 내가 가치 있게 생각하는 것을 아이에게 막무가내로 밀어붙였다. 그동안 아이가 책임을 다하기 위해 빛났을 끈기에 내가 종지부를 찍어야 했다. 엄마가 하는 말을 흔쾌히 받아들여 준 아들에게 고맙고 미안하다고 용서를 빌었다.

"시현아, 네가 만화책 보는 것을 좋아하는데, 그동안 엄마가 존중해 주지 않았어. 엄마가 미안해"

3-9 네게 필요했던 미덕은 뭘까?

학교에 있던 아들로부터 전화가 왔다. 스마트폰을 떨어뜨려 깨졌다고 했다. 평일에 수요일, 금요일, 주말인 토요일까지 해서 1주일에 3일만 스마트폰을 저녁 8시까지 사용하기로 약속했다. 아들은 목요일에 엄마 몰래 스마트폰을 가지고 나갔다가 일이 터졌다. 놀라기도 했을 테고, 엄마에게 혼날까 걱정도 했을 것이다. 게다가 스마트폰 속에 있는 아이의 소중한 게임과 사진, 연락처가 어떻게 될지 걱정도 했을 것이다. 스마트폰 속에 저장된 사진이 다 사라지는 건 아닐까? 내가 쌓아 놓은 게임이 다 사라지는 걸까? 친구들과 연락이 안 되면 어떻게 하지? 오만 가지 걱정이 앞섰을 것이다. 스마트폰은 등굣길에 깨지고, 혼자서 전전긍긍하며 고쳐보려고 시도하다가 포기하고 12시가 넘어 친구의 전화를 빌려서 전화한 것이다.

전화기로 아들이 하는 이야기를 가만히 들어주었다. 어쩌다가 떨어뜨렸는지, 얼마나 속상한지 묻는 과정에서 아이의 흐느낌이 들렸다. 조심해서 들고만 있었는데, 떨어졌다고 한다. 속상하고 슬프다고 하는데 아이의 마음이 전해왔다. 왜 안 그렇겠는가? 그토록 아끼는 스마트폰, 엄마와의 약속을 어겨가면서 갖고 나가고 싶었던 것이 못 쓰게 되었으니 말이다. 아이를 달래며, 전화기 너머에서 울고 있는 아들이 진정되기를 기다렸다.

답답했다. 쉽게 진정되지 않는 상황이었다. 아이가 원하는 것이 무엇인지 물으니, 방과 후 컴퓨터 수업을 안 하고 싶다고 한다. 엄마가 보고 싶다는 아들을 위해 집으로 가서 아이 곁에 있어 주었다. 아이가 좋아하는 게임이 사라져서 얼마나 슬픈지 또 들어주었다. 하고 싶은 이야기를 다 마친 아이 표정이 편안해지고 진정되었다. 그때, 물었다.

"휴대전화가 깨졌는데, 오늘 너에게 필요했던 미덕은 뭘까?"

"'정직'이야. 미안해 엄마. 엄마 모르게 휴대전화 가지고 나가서 미안해."

"우리 아들, 오늘 많이 놀랐지. 엄마에게 진실하게 말해줘서 고마워."

그리고 진정이 다 된 후 아들이 말한다.

"엄마, 학교에서 엄마한테 전화하려는데 정진이가, '시현이 너는 엄마한테 죽었다.' 라고 말했어."

"그런데 넌 걱정이 안 됐니?"

"그것도 걱정이 되었지만 정말 슬픈 건, 이 스마트폰 속에 있는 게임을 더 못한다고 생각하니까 그게 더 슬펐어."

걱정이 왜 안 되었겠는가? 엄마 몰래 가지고 나왔으니 분명 엄마로부터 약속을 지키지 못한 것에 대한 책임을 물을 거로 생각했을 것이다. 자기가 잘못했다는 것은 엄마인 내가 말하지 않아도 아이는 잘 안다. 아들도 거짓말 한 적 있다. 하지만 스마트폰을 갖게 된 것도 최근이고, 이 물건을 몰래 가져간 적은 처음 있는 일이다. 스마트폰을 엄마 몰래 숨겨서 나갈 때부터 가슴이 쿵쾅거렸을 것이다. 현관을 다 나가기까지 등에 땀이 나지 않았을까? 정직하지 못한 자기의 행동은 엄마한테 그냥 들켜도 뭐라 할 말이 없는 상황이다. 그래서 아들은 4일이 지났지만, 다시 사달라고 말을 꺼내지 않고 있다. 아이가 우리의 약속을 어긴 일에 대해 엄마에게 혼날 것이라는 걱정과 스마트폰의 상실로 인한 슬픔까지 있었으니 마음이 얼마나 힘들었겠는가?

속상하고 슬픈 마음을 다 쏟아내고 나니, 아이가 스스로 자신이 감추고 싶었지만 드러내야 하는 문제의 원인을 드러낸다. 예전 같았으면 나는 분명 아이를 잡았을 것이다. '정직하지 못해 잘못했다.'라는 말을 기어이 내 입으로 뱉었을 거다. 비싼 스마트폰을 깨뜨린 것만으로도 화가 날 텐데, 우리의 약속을 어기고 나 모르게 스마트폰을 가지고 나갔다가 일이 터진 것 아닌가? 내 화에 못 이겨 어떤 말이라도 했을 것이다. "너는 이것밖에 안 돼?", "약속을 지키지 않고서 누가 너를 인정해 주겠어?" 어쩌면 등짝이라도 한 대 때렸을지 모른다. 스마트폰이 깨진 일보다 더 큰 흉터로 남아서 아이의 마음에 새겨졌을 수 있다.

아이는 엄마 몰래 스마트폰을 가지고 갔다. 스마트폰을 몰래 챙겨 가방에 넣을 때, 부끄럽고 잘못하고 있다는 마음이 있었을 것이다. 하지만 그 마음을 다 덮고도 남을 만큼 스마트폰의 유혹은 강력했다. 알면서도 나는 아이의 손에 스마트폰을 쥐여주었다. 아이를 탓할 수 있을까? 스마트폰의 유혹은 마약 중독자에게 마약이 든 주삿바늘을 곁에 두고 '사용하지 마!'라고 말하는 것과 같은 힘을 갖고 있다고 한다. 언제든 발생할 수 있는 상황이다.

그렇다면, 스마트폰을 안 주지도 못하고, 주자고 하니 불안한 상황에서 내가 할 수 있는 것은 뭘까? 아이와 더 많은 대화를 나누는 것밖에는 없었다. 아이가 가져가고 싶었던 마음을 들어주고, 그 순간에 아이 내면에서 잠자고 있었던 미덕이 무엇이었는지 들었다. 아이가 마음을 진정하고 나니 자신을 돌아봤다. 아이는 '정직'이 필요했다고 말한다. 엄마를 속여서 잘못 했다고 스스로 깨우쳐주니 충고나 불필요한 조언도 필요 없었다. 아이는 자기의 슬픔이 진정되고 문제를 바로 보고 나니, 자기 잘못을 밝히고 용서를 구했다.

이제 스마트폰으로 인해 발생하는 나쁜 상황을 만든 것은 누구인가를 탓할 때는 아닌 것 같다. 마법 지팡이처럼 유용한 도구도 되고, 우리를 잘못된 환상의 세계로 빠뜨려 헤어 나오지 못하게도 하는 스마트폰과 함께 사는 세상이다. 누군가의 잘잘못 이전에 스마트폰을 유용하게 사용하기 위한 하나의 단계로 인식해야 한다. 어린 아기 때부터 우리가 몸으로 살아가는 현실과 가상으로 만들어진 환상의 세계가 다르다는 것. 현실이 환상을 제어하지 않으면 누군가 만들어 놓은 환상 속에서 헤어나지 못하는 걸 스마트폰의 사용 단계에서부터 알아야 한다. 아이가 숨겨서 스마트폰을 가져나가는 것도 스스로 스마트폰을 제어할 힘이 길러져야 하는 단계에서 마주쳐야 하는 과정 중의 하나가 아닐까?

우연한 실수로 또는 우리 아이처럼, 잘못된 유혹으로 인해 문제가 일어났을 때 자신의 슬픔보다 부모님께 야단맞을 것에 대한 두려움이 더 크다면 어떻게 될까? 이런 아이들이 자신의 잘못을 축소해서 이야기하는 것이 이상하지 않다. 때로는 잘못을 부모에게 알리지 않고 숨기거나 거짓말하기도 한다. 잘못 선택한 말이나 행동으로 인해 나쁜 결과가 빚어지기도 한다.

부모는 내가 하는 일의 결과를 떠나 나를 믿어줄 것이라는 신뢰, 부모는 영원한 '안전지대'라는 확신이 필요하다. 보통, 부모와 자식 간에 벽은 아이가 아니라 부모가 쌓는다.

4장

집에서 하는 미덕 놀이

4-1 호모 루덴스

요한 하위징아Johan Huizinga는 1938년에 자신의 저서인 『호모 루덴스(Homo Ludens)』에서 문화는 원초부터 유희 되는 것이며 유희 속에서 유희로서 발달한다는 당시로서는 획기적인 주장을 내놓았다. 그는 모든 형태의 문화는 그 기원에서 놀이 요소가 발견되며, 인간의 공동생활 자체가 놀이형식을 가지고 있다고 했다. 그 후로 놀이에 관한 연구는 계속되었고 많은 과학자와 심리학자들의 연구 덕분에 우리는 놀이에 대한 많은 것을 알게 되었다. 우리는 놀이를 통해서 기본 욕구가 충족되는 충만함을 느끼는 것뿐만이 아니라 동시에 '함께하기', '칭찬받기', '승리의 기쁨 누리기', '규칙 배우기' 등 생존에 대한 많은 기술을 익힌다. 그래서 현재 학자들은 놀이란 모든 아동의 건강한 성장과 발달을 위해 필수적이며 아동의 인지발달, 언어발달, 사회성 발달, 정서상 발달, 창조성 발달에 영향을 준다고 얘기한다. 놀이는 자발성을 키우고 신체, 인지, 정서발달 및 사회성을 키우고 자존감을 높일 수 있는 최고의 도구라고 여겨진다.

우리나라의 '2007년 개정 즐거운 생활 교육과정'에서는 창의적인 표현 능력을 함양하기 위한 놀이와 활동에 주안점을 두고 있다. 여러 가지 요소들을 다양한 방식으로 즐겁고 유의미한 놀이와 활동으로 연결하도록 하고 있다. 신체 놀이를 통해 기본 활동 욕구를 충족시키고, 건강한 몸과 동시에 창의적인 능력을 길러주려고 하고 있다.

아무리 좋은 생각과 글, 배움도 즐거움이라는 감정이 더해졌을 때, 여운과 감동이 커진다. 버츄프로젝트를 알기 전부터 나는 아이와 잘 놀기 위한 방법을 찾으려 했다. 한번 했던 활동을 아이의 반응에 따라 여러 차례 반복하면서, 아이가 즐겨 찾는 놀이가 무엇인지 알아갔다. 아이가 두 번, 세 번 연거푸 찾는 놀이는 대부분 몸으로 움직이는 활동이었다.

아이가 갓 2살쯤 되었을 때였다. 냉장고와 세탁기 같은 대형 가전제품을 사면 나오는, 어른 키보다 큰 포장 박스가 생겼다. 박스가 튼튼해서 아이와 놀기에는 안성맞춤이었다. 박스 내부를 닦아내고 아이의 장난감들을 가져다 놓았다. 작은 테이블을 넣어서 차 마실 공간도 만들었다. 휴일에는 낮잠을 자기도 했다. 당시 아이는 뛰지는 못하고 아장아장 걸어 다니는 정도였다. 아이는 박스 집을 아장아장 걸어 다니며 하나의 세계를 탐색했다.

박스 집은 몇 달 동안 거실 한쪽에서 집 속의 집의 역할을 톡톡히 해냈다. 아이만의 공간이기도 했고, 아이와 함께하는 둘만의 공간이기도 했다. 아이에게 책을 읽어주다가 잠을 자기도 했다. 작은 공간에서 더 깊이 관계하고, 더 많이 관찰하며 아이 곁에 있을 수 있었다. 박스 집은 서로의 숨소리를 들을 수 있는 공간이었으며, 아이에게 집중할 수 있는 장소였다.

한참이 지나자 아이는 이제 박스 집 천장이 궁금했나 보다. 집 천장에 올려달라고 했다. 아까울 것 없는데, 무너져도, 찢어져도 상관없는 박스 집이 아닌가? 아이를 들어 올려 박스 위에 올려주었다. 물론 위험했다. 아이가 박스에서 떨어지기라도 하면 큰일이니, 손을 놓을 수 없다. 아이를 따라다니며 박스 주변을 지키며 놀았다. 아이의 움직임에 따라 박스가 흔들거린다. 온 집안이 아이의 기쁨과 환호성으로 가득했다. 인디언 텐트에서는 가질 수 없는 새로운 발견이었다.

유아가 있는 집에만 볼 수 있는 명물이 있다. 우유를 달로 받아먹으면 받게 되는 미끄럼틀이다. 플라스틱 미끄럼틀은 튼튼해서 그 모양이 변형되지 않는다. 우리 집은 이 플라스틱 미끄럼틀보다 먼저 박스 미끄럼틀이 자리했다. 두꺼운 가전제품 박스라 해도 돌 지난 아이가 쿵쾅거리고, 타박타박 걸어 다니면 조금씩 균열 되어 금이 가기 시작한다. 그러다 시간이 더 지나면 아래로 골이 더 깊어진다. 한쪽에 억지로 또 다른 골을 만들어 주면 자연스럽게 미끄럼틀이 된다.

아이는 미끄럼틀처럼 타고 바닥으로 내려올 수 있었다. 마음 같아서는 나도 박스 위에 올라가 마음껏 미끄럼을 타고 내려오고 싶었다. 어렸을 때 모래 놀이터에 있던 미끄럼을 많이 탔다. 지금 떠올려 보면 10m는 족히 될 것처럼 기다란 돌로 된 미끄럼틀이 있었다. 오르는 길은 험하고 멀었지만, 미끄럼틀을 타고 내려오는 기쁨은 말로 표현할 수 없다. 미끄럼틀 위에서 머리카락을 날리며 내려오던 놀이는 최고의 놀이였다. 미끄럼틀은 시대와 국경을 가르지 않고 까르르 웃음이 넘치게 하는 최고의 놀이터다.

이후로 한참을 미끄럼틀로 활용하다가 박스는 재활용 분리수거되어 우리 집 거실에서 영영 사라졌다. 아이는 지금은 기억을 못 하지만, 내 기억에는 우리 아이가 가졌던 최고의 놀잇

거리였다. 이후에도 박스를 구하고 싶었지만 구하기가 쉽지 않았다. 아이가 어린이집에 간 사이 가전제품 박스를 찾아 대형 마트를 찾아다녔다. 그런데, 박스가 나오는 시간이 맞지 않아 처음에는 실패했다.

두 번째는 좀 더 먼 곳으로 차를 끌고 갔다. 큰 마트 2곳을 방문하고 전자제품 파는 매장을 돌아 겨우 조금 작은 박스를 구했다. 알고 보니 박스가 나오는 시간이 되면, 박스를 회수하러 다니는 사람이 있다고 한다. 동네에 연세 많은 어르신이 용돈이나 생활비를 목적으로 폐지를 줍는데, 그분들이 가져간다고 한다. 우연히 마주친 할아버지는 다른 박스는 모두 찢어져서 쓸모가 없지만, 접어놓지 않은 박스를 하나 내어 주셨다. 냉장고 박스보다 작지만, 그래도 쓸모 있었다. 그냥 받기 미안하여 돈 천 원을 드리고 박스를 거실로 옮겨 왔다. 사실 냉장고와 같이 큰 박스는 승용차에 실리지도 않는다는 걸, 작은 박스를 차에 실으면서 깨달았다.

이번 박스는 박스용 페인트까지 칠해서 제대로 집을 만들었다. 창문도 만들고, 작지만 박스 안과 밖을 아이와 함께 꾸몄다. 크기가 작아서 도전해 보았다. 물감으로 박스에 예쁜 그림도 그렸다. 박스 속에 아이 물건들을 함께 넣어주니 박스는 또 다른 공간이 연출되었다.

아이는 자기도 함께 붓질하며 아름답게 만든 박스 속 공간을 좋아했다. 아이의 방으로 만들어 낮잠을 자기도 하고, 밤에도 그 공간에서 잠을 자려고 해서, 아이와 함께 거실에 작은방을 만든 것처럼 함께 생활하기도 했다.

아이의 놀이에 부모가 따라가며 함께 한다. 때로는 아이가 경험해 보지 못한 세상을 부모가 먼저 제시할 수 있다. 적극적으로 주변의 도구를 활용하여 놀이하는 방법이다. 집에 있는 그릇, 숟가락, 이불, 의자, 무엇이든 어린아이에게는 신비로움이고 모두가 놀잇거리가 될 수 있다. 아이는 놀이를 통해 세상을 배우고, 인성을 깨운다. 놀이 속에는 기쁨과 창의성, 인내, 존중 등과 같은 수많은 미덕이 함께 한다.

4-2 눈 속에 감춰진 미덕의 보석을 찾아라!

"엄마, 눈이 뭐야?"

그림책에서 발견한 '눈'이라는 것에 궁금증이 생겼다. 창원에 사는 6살 아이는 눈에 대한 기억이 없었다. 인터넷으로 눈을 보여주었다. 집과 거리에, 나무 위에 소복하게 눈이 쌓이는 장면, 하얀 눈 덮인 세상에 나뭇가지로 삐딱하게 만들어진 입술을 갖고 서 있는 눈사람, 아이들의 눈싸움 장면을 보여주었다. 한여름 무더위에 노트북 화면만 봐도 시원함이 생생하게 느껴졌다. 아들 역시 온 시선이 눈싸움 장면에서 떠날 줄 몰랐다. 한참을 넘겨보기를 하다가 아이가 말했다.

"엄마, 나도 눈싸움하고 싶어."

"시현아, 저기 아이들 엄청 두꺼운 옷 입고 있지? 눈은 몹시 추운 날에만 내리는 거야."라고 말해주었지만, 아들은 이해하지 못하겠다는 눈빛과 함께 꼭 눈싸움하고 싶다는 간절함이 떠

날 줄 몰랐다. '더운 여름날 이걸 어떻게 경험하게 해줄까?'

아이의 간절함은 눈을 만들어냈다. 고심하던 중, 현관에 쌓여 있던 신문이 보였다. 신문을 잘게 잘라서 눈을 만들었다. 찢고, 찢다가 가위로 잘라 만든 종이 눈이 대형마트 비닐봉지를 가득 채웠다. 눈싸움을 위해선 거실에 있는 소품이며, 테이블을 정리해야 했다. 그렇지 않고 잘게 잘린 신문을 치우려면 더 많은 시간과 노동력이 들어가기 때문이다. 무엇보다, 아이들이 눈싸움하면 한 번으로 끝나지 않는다. 재미있는 것은 두고두고 하려고 한다. 아이가 8살이 될 때까지도 거실에 눈이 자리할 때가 종종 있었다.

거실을 정리하고 봉지 가득 들어있는 신문지 조각을 바닥에 부어서 천장을 향해 날리면 그동안 고생했던 손가락 끝의 얼얼함은 사라진다. 아이의 환한 표정만으로 나는 충분히 보상받았다. 하지만, 우리가 원하는 것은 눈싸움이 아닌가. 손에 잡힐 만큼 비닐봉지에 신문 눈을 넣어서 묶어준 눈송이는 진짜 눈과 다를 바 없을 만큼 신나게 집안에서 즐길 수 있는 놀이였다.

집안에서 벌이는 눈싸움은 겨울에 하늘에서 내리는 눈과는 다르다. 옷을 껴입지 않아도 아무 때나 눈놀이 장소로 만들 수 있다. 눈싸움을 충분히 하고 나면, 눈 속을 탐험하는 일이 기다린다. 신문으로 된 눈 속에 섞여 있는 미덕의 보석을 찾는 탐험이다. 잿빛 신문으로 된 눈 속에서 색종이로 만들어진 미덕을 찾는다. 흥분을 가라앉히고 오늘 놀이가 어땠는지 아이와 대화를 나누면서 물어보면 아이 마음을 알 수 있다.

"엄마, 최고로 재미있는 놀이였어."라고 아이는 말해줄 것이다.

수많은 신문지 눈 속에 색종이 미덕 보석을 찾아 말해 준다.

"와, 시현아, 네가 찾은 미덕의 보석은 열정이야!"

"엄마가 찾은 미덕 보석은 배려야!"

열정적으로 놀았다면, 잠시 쉬면서 서로가 찾은 미덕들을 하나씩 읽어주며, 함께 미덕으로 이야기 나눈다. 미덕의 단어를 보면 아이의 행동이 떠오르는 것이 있을 것이다.

"시현이가 눈을 하늘로 날릴 때, 눈싸움할 때 너에게서 열정의 미덕이 반짝반짝 빛이 났어."

"시현이가 눈싸움에서 엄마를 맞히기 위해 최선을 다하는 모습에서 탁월함을 보았어."

눈싸움할 때가 꼭 아니어도 좋다. 아이가 평소 보여주는 행동에는 대부분 미덕이 있다. 그것을 찾아내어 말해주면 아이는 듣는다. 말하는 사람도, 듣는 사람도 미덕이 함께 반짝인다.

"시현이가 뽑은 미덕은 '감사'네. 시현이가 식사할 때마다 잘 먹겠습니다라고 할 때마다 엄마는 감사를 보았어."

모든 놀이가 끝났다면 마지막으로 신문 눈을 정리할 시간이다. 집안에 널려 있는 종잇조각들을 보면 한숨이 절로 나온다. 일회성 놀이로 끝나지 않으면서 정리도 즐겁게 할 방법이 있다. 정리도 놀이처럼 하는 것이다.

"우리 지금부터 눈사람 만들 거야. 그러려면 어떻게 해야 하지?"

가벼운 몸으로 아이는 더 빠르게 거실 곳곳에 있는 눈 조각들을 쓸어모으기 시작한다. 그리고 눈을 모았다면, 비닐봉지에 꾹꾹 눌러 담으면 된다. 아이에게 매직 펜을 쥐여주고 눈도 그리고, 코, 입을 그려보라고 하라. 절대로 녹지 않는 눈사람이 완성된다.

청소도 놀이처럼 끝냈다면, 아이와 눈사람의 인증 사진도 찍어서 남긴다. 색종이 미덕 보석을 모아서, 아이의 앨범에 붙여주자. 잊지 못할 추억이며, 잊지 못할 미덕 놀이가 된다.

〈눈싸움 미덕 놀이〉

준비물

신문, 색종이 (미덕 보석용), 비닐봉지 (눈 뭉치, 눈사람), 매직, 끈, 가위

활동 방법

1) 눈 만들기

- 신문은 넉넉하게 준비한다.
- 신문을 세로로 1센티 정도씩 길게 찢는다.
- 3, 4줄 정도의 신문을 묶어서 1센티 정도씩 잘라낸다.

* 하루 만에 모든 눈을 만들기에는 힘들 수 있다. 틈틈이 만들어 눈의 양을 늘려주면 좋다.

* 눈이 많고 풍성할수록 재미도 커진다.

2) 색종이 미덕 보석 만들기

- 색종이를 가로, 세로 2센티 정도의 크기로 자른다.
- 한쪽 끝을 접어서 잘라 보석 모양으로 만든다.
- 매직으로 미덕 단어를 적어준다.

3) 눈 뭉치 만들기

- 잘게 찢어진 눈을 비닐봉지에 넣고, 공 모양으로 둥글게 만들어 매듭을 지어 묶는다.
- 매듭을 짓고 남은 부분은 가위로 잘라준다.

4) 눈사람 만들기

- 잘게 찢어진 눈을 투명 비닐봉지에 넣고 신문이 나오지 않도록 묶는다.
- 얼굴과 몸을 나누어 줄 곳에 끈으로 묶는다.
- 얼굴 부분에 매직으로 눈, 코, 입을 그려준다.

4-3 원석을 보석으로

버츄프로젝트에서 내 마음에 와닿았던 문장은 '미덕의 언어로 만드는 아름다운 세상'이었다. 아름다운 세상이라니, 나도 살고 싶지만 내 아이도 그런 세상에서 산다면 얼마나 좋을까? 하는 생각이 계속 내게 있었다. 그러기 위해 미덕의 언어, 아름다운 언어를 사용하는 게 먼저였다. 평소 말이나, 몸짓이 거칠고 투박한 내게는 참 어려운 숙제였다. '미덕을 어떻게 실천하지?' 당장 내가 사용하는 언어부터 점검했다.

미덕의 언어, 아름다운 언어는커녕, 내 탓, 당신 탓이라는 단어를 입에 달고 살았다. 감추려고 해도 생각이 말이 되어 나오니, 아름다움은 찾아보기 힘들고 부정적인 기운만 가득했다. 아름다운 세상은 너무 먼 이야기였다. 우선 내 머릿속에 있는 생각부터 바꿔야 했다. 밉고, 원망에 차 있던 혼탁한 마음에 미덕의 단어를 조금이라도 드러낼 방법이 무엇일지 생각했다. 뭐든 혼자 하면 멀리 가지 못하기에 아이와 하면 좋겠다고 생각했다. 아이는 당시 7살이었다. 아침에 책 읽어주며 잠을 깨우던 것을 버츄카드로 바꿔서 읽어주던 때라 미덕이 무엇인지 알고 있으며, 나를 가장 사랑하고 의지하는 존재였다.

"시현아, 너 보석 좋아하지. 우리는 모두 보석이 가득한 미덕의 광산이란다."

"보석이 어디에 있어?"

"우리 마음속에 가득 있어. 그런데 평소에는 반짝이지 않는 원석으로 가득해."

"그럼, 언제 반짝이는 거야?"

"우리가, 미덕을 보거나 듣고, 행동하고 말을 할 때 진짜 보석이 된단다."

"감사, 사랑 같은 미덕 말이구나."

"맞아, 우리 마음속의 보석 빛내기 놀이할까?"

평소 아이의 모습에서 미덕과 관련된 행동을 찾아내어 표현해 주었다. 귀가할 때 신발을 바르게 세워 놓는 장면과 같이 평소에 보여주는 모습에 미덕의 단어 하나만 올려서 말해주었다.

"와, 반듯하게 세워 둔 신발을 보니 정돈의 미덕이 빛나는 구나."

"맛있게 먹었다고 말해주는 모습에서 기뻐함의 미덕이 빛나."

"집에 가자고 할 때, 친구와 놀이를 중단하고 싶지 않다고 말하는 너에게서 열정과 소신의 미덕이 빛났어."

아이는 감사, 기뻐함, 정돈과 같은 단어들이 의미하는 바는 알고 있었다. 나는 아이의 행동에서 미덕을 발견하고 아이에게 알려주었다. 또는 아이가 스스로 미덕의 행동을 찾아내어 말로 미덕을 깨우게 했다. 그리고 단순히 말로 끝나지 않도록 기억에 남을만한 활동을 했다. 전지에 아이의 몸 전체를 그리고, 그 위에 원형의 색깔 라벨지를 붙였다.

"미덕이 빛나는 게 눈에 보이지 않지만, 우리가 아름다운 것을 눈으로 보고, 귀로 듣고, 말을 하고 행동할 때 미덕이 빛나는 거야. 우리 빛나는 미덕을 시현이 그림 위에 붙어 있는 라벨지에 적어줄까?"

아이 행동에서 미덕이 발견되는 순간이면 해당 미덕을 인정해 줬다.

"와, 시현이가 가지고 놀던 장난감을 제자리에 가져다 두었구나, 정돈의 미덕이 빛나는데!"

그리고, '정돈'이라는 글자는 원석으로 이름 붙인 라벨지에 적어 준다.

"지금 시현이 마음속 보석 광산에 정돈이 빛났어!"라며 함께 기뻐한다.

이와 같은 방법으로 아이에게서 발견하는 미덕을 엄마가 찾을 수도 있지만, 아이가 스스로 찾을 수도 있다. "엄마, 맛있는 아이스크림을 사주셔서 행복해요. 감사합니다. 와, 엄마 내가 감사를 빛냈어."라고 하며 자기의 미덕을 스스로 찾고 인정해주기도 한다. 이때 미덕의 원석 판에, 아이가 찾은 '감사'를 적으면서 "시현이가 빛낸 '감사'가 보석이 되었습니다."라고 말하며 미덕을 깨운다. 아이가 스스로 자기의 미덕을 찾을 때 "행복해하는 모습에서 기뻐함의 미덕도 엄마는 발견했어."라고 말하며, 엄마가 찾은 미덕도 전지판에 붙여진 원석 라벨지에 적어준다. 미덕을 적어놓은 글씨를 읽으며 기뻐하는 시간이었다. 아이보다 더 기뻤던 것은 물론 나였다.

아이 유치원이 멀어서 내가 차량으로 등·하원을 시키던 어느 날이었다. 나는 준비가 다 끝났는데도 아이는 뭉그적거리며 움직일 생각을 하지 않았다. 기다리다 감정이 목구멍까지 올라오려고 하는 찰나, 주방 벽에 붙어 있는 아이의 미덕 광산이 빛을 내고 나를 바라보고 있었다. 순간 감정이 멈췄다.

"시현아, 지금 8시 40분이야! 유치원에 제 시간에 도착하려면 지금 당장 나가야 하는데, 시현이에게 필요한 미덕은 뭘까?"

"응? 자율" 하며 부리나케 아이는 양치하러 욕실로 뛰어 들어갔다. 그러고는 "엄마, '자율'의 보석은 엄마가 적어줄 수 있어?"

"그럼, 지금 바로 적어줄게."

이렇게 미덕을 연마한 지 1달 가까이 지났다. 미덕에 익숙해져 가는 아이의 모습을 보면서, 내가 잘하고 있다는 확신을 가지기 시작했다.

"엄마, 이번에는 내가 '이해'를 적어볼게."라고 말하며 자신이 빛냈던 행동을 미덕의 원석에 따라 적었다. "와, 우리 시현이가 스스로 글자를 적을 수 있게 되었네. 지금 시현이에게서 자기를 존중하는 '절도'의 미덕을 보았어."라고 하면 아이는 '절도'라는 글자도 따라 적었다. 글쓰기에 처음 도전하는 7살 시현이는 '미덕'의 단어를 적으며 글쓰기의 기쁨을 맛보았다.

미덕을 함께 빛낼 동료로 아이를 '선택'했고, 이 시간 우리 집에서는 미덕의 언어들이 풍성하게 퍼졌다. 친절, 배려, 이해, 존중, 열정, 기쁨함, 자율, 확신, 화합, 진실함, 평온함, 창의성, 너그러움, 그리고 사랑…….

〈원석을 보석으로 깨우기〉

준비물

전지, 둥근 색깔 라벨지, 네임펜.

활동 방법

1. 전지에 미덕 광산인 아이의 모습을 크게 그린다.
2. 둥근 색깔 라벨지를 아이 그림 위에 붙인다.
(우리 몸은 미덕 광산이다. 라벨지는 우리 몸 안에 있는 미덕으로 연마될 원석들을 붙여 주는 작업이다)
3. 위에 작업한 것을 눈에 잘 보이는 곳에 붙인다.
- 평소 아이가 하는 행동에서 미덕을 찾아내어 구체적인 행동과 그에 어울리는 미덕을 알려주고 적는다.
4. "000의 보석 광산에 있던 000 보석이 빛이나!"라고 말하고 미덕 단어를 적어준다.

예) 시현이의 보석 광산에 있던 '친절'의 보석이 빛이 나!

아이뿐만 아니라, 온 가족이 함께할 수도 있다. 각각의 전지에 자기 모습을 그려서 함께 미덕을 찾아준다.

또 다른 방법으로 다른 사람의 미덕을 찾아서 그 사람의 미덕 판에 적어주고, 미덕을 찾은 '나'의 미덕 판에도 미덕을 적어 줄 수도 있다. 미덕을 빛내는 사람뿐만 아니라, 그 미덕을 발견하는 사람의 미덕도 밝혀지기 때문이다.

이렇게 모든 미덕의 원석이 먼저 보석이 되는 사람이 우승하는 놀이로 활용할 수 있다. 가족의 미덕을 찾아주는 활동을 통해 다른 사람의 행동을 관찰하고, 아름다운 눈으로 바라볼 힘을 키울 수 있다.

4-4 미덕을 찾아라

버츄프로젝트의 미덕 52가지에는 감사, 겸손, 근면, 기뻐함, 봉사, 사랑, 상냥함, 신뢰, 신용, 예의, 용기, 용서, 유연성, 이상품기, 이해, 인내, 인정, 정돈, 정의로움, 존중 등과 같이 한번 들으면 단어와 의미가 바로 이해되는 것도 있지만, 평소에 사용하지 않는 자율, 절도, 충직, 사려, 우의, 초연과 같이 입에 붙지 않는 미덕도 있다. 내가 아는 단어라 해도 그 의미를 구체적으로 말하는 것은 어려울 수 있다.

배움은 즐거워야 한다. 아무리 좋은 것도 하기 싫어서, 때로는 어려워서 얼렁뚱땅 대충하면 얻을 것이 없다. 하기 싫고 재미없어도 참고 내가 해낼 수 있는 수준에서 진지하게 하는 것만이 내 것이 된다. 내게 의미 있다고 생각하는 미덕 연마가 아이에게도 의미 있다고 욕심내면 안 된다. 그래서 생각해야 하는 것은 내게는 의미 있지만, 아이에게는 관심 없는 미덕 연마를 위해서 즐거움이라는 요소를 어떻게 넣어야 할까? 이다.

평일 유치원 가는 길, 주말에 가족 나들이 갈 때, 자동차를 이용한다. 그때, 재잘재잘 이야기를 나누기도 하고, 할 말이 없으면 아이가 좋아하는 노래를 틀고 함께 노래를 부르며 이동했다. 우리에게 허용된 제한된 공간에서 상상과 언어만이 자유롭게 사용할 수 있는 시간이다. 차 안에서 아이와 함께하는 시간은 미덕을 연마하는 놀이터로 활용했다.

이때, 나와 아이에게 정말 유용하게 활용할 수 있었던 것이 미덕의 보석들을 추려놓은 '미덕 책받침' 이다. '한국버츄프로젝트' 에서 발매되는 미덕 책받침은, 한쪽 면에 '미덕의 보석' 52개와 뒷면에는 그 의미를 해석해 놓았다. 글씨를 아는 어린이부터 나이가 많은 성인까지 모두에게 적용할 수 있다.

7살이 될 때까지 거리에 보이는 길가의 간판을 통해 글자를 배웠다. 책으로 된 읽기는, 그림책에서부터 시작했다. 4살에 그림책 속의 그림을 해석하면서 그림 읽기를 시작했다. 다음 단계는 엄마가 많이 읽어준 책을 보며, 자연스럽게 글자라는 이미지를 아이 것으로 만들어 읽어 냈다. 제대로 된 읽기는 미덕의 보석들을 담아 놓은 책받침이 도구가 되었다. 미덕 연마의 도구로 활용하며, 그림이 없는 글자를 놀이로 접근했다.

즐거운 글자 읽기는 이후 아이가 좋아하는 책 읽기로 이어졌다. 애써 "책 읽어라." 권하지 않아도 아이에게 책은 친구들과 밖에서 놀기, 핸드폰 게임, TV 시청 다음으로 가장 좋아하는 활동이다. 자연스럽게 글자를 익히고, 글이 삶과 연결되는 것을 아는 것이 중요하다. 좋아하는 활동은 아이의 삶에 또 다른 경험을 만들기도 한다.

"엄마, 학교에서 학예회를 하는데, 우리 팀은 연극을 하려고 해, 대본을 내가 적고 싶은데, 친구들이 허락해 줄까?"

초등 4학년 남자아이 중에서 학예회 연극 대본을 적으려고 하는 친구는 아무도 없었기에 아들이 원하는 바를 이루었다.

〈미덕 알기〉

준비물
미덕의 보석 책받침

활동 방법 1)
책받침을 상대에게 준다. 미덕 단어를 말하고 그 의미를 물어본다.
" '감사' 가 무슨 뜻이야? "
"감사는 우리가 가진 것을 고맙게 여기는 마음이야."
"존중은 무슨 뜻이야? "
"무언가를 귀하게 여겨 보호해 주고 지켜주는 것이야."

활동 방법 2)
미덕의 단어가 조금씩 익숙해질 때면 미덕의 의미를 불러주고 그에 해당하는 미덕 단어를 찾아준다.
"누구든지 공정하고 공평하게 대우하는 것은 어떤 미덕이야? "
" '정의로움' 이야."
"새로운 것을 상상하고 고안하는 힘은 어떤 미덕이야? "
" '창의성' 이야"

활동 방법 3)
미덕 단어와 의미가 익숙해지면, 위의 활동에 우리의 삶과 연결된 질문을 하며 대화한다. 미덕은 우리 삶 곳곳에 찾아볼 수 있으며, 우리가 찾고자 해야 비로소 보인다.
'저기 보이는 도로 표지판에서 찾을 수 있는 미덕은 무엇일까? '
'우리가 볼 수 있는 창의성이 빛나는 사람이나 사물은 어떤 것이 있을까? '
'나는 언제 창의성이 빛날까? '
'너는 언제 창의성이 빛났니? '

4-5 미덕으로 지구를 채워라

3월도 중순으로 접어들었다. 길가에 새 생명이 탄생하고, 아이는 학교라는 새로운 울타리에 익숙해져 가고 있었다. 아이는 가방을 둘러메고, 한 손은 엄마 손을 잡고 학교로 걸어갔다. 나 역시 초등학생 학부모라는 이름표를 달고 교문 앞까지 아이를 데려다주었다. 아이 손을 잡고 등교시켜주는 엄마의 역할을 나도 하고 있자니 가슴이 벅차올랐다. 아이가 아니었다면 경험하지 못했을 일 중에 하나다. 엄마가 되는 것, 아이 손을 잡고 등교시켜주기, 학교 가는 길에 아이가 눈여겨보는 가로수 아래 풀이며, 돌멩이, 개미, 벌레와 같은 자연의 생명을 쳐다보기, 행복한 초등학생 학부모의 시간을 보내고 있었다. 학교 입학하고 1주일이 넘었을 무렵이었다. 하교하고 집에 온 아들이 말한다.

“엄마, 나 맞았어!” 순간 심장이 멎는 듯 놀란 가슴을 눌러야 했다.

“무슨 일이 있었어 엄마에게 자세히 말해줄래”

아들의 말은 이랬다. 교실에서 가장 키가 크고, 뚱뚱한 친구가 있다. 그 친구가 아이들이 보는 애니메이션 ‘신비아파트’의 요괴처럼 “야~~~”라고 소리치며 아들을 손으로 지목했다고 한다. 그리고는 날아와서 아들의 배를 찼다고 한다. 처음에 배가 너무 아파서 눈물이 나왔다는 이야기였다. 실제로는 뛰어왔을 것이지만, 그것이 중요하지는 않았다. 당황하고 속상했다.

시현이는 또래보다 키와 덩치가 왜소한 편이지만, 말이 많아서 눈에 띈다. 그 모습이 같은 반 친구의 마음에 들지 않았나 보다. 갓 초등학교에 입학한 남학생들이 가끔 기선제압 한다고 벌어지는 일이라고 한다. 그래서 벌어질 수 있는 일에 시현이가 표적이 되었구나 싶었다. 하필 눈에 넣어도 아프지 않을 내 아들이 맞고 왔나 싶어 속상했다. 아이의 속상함을 달래주고, 나의 속상한 마음을 아이에게 전달해 주었다.

“시현이가 아파서 눈물이 났다고 하니, 엄마도 눈물 날만큼 슬퍼. 그래도 이젠 아프지 않다고 하니 다행이다.”라고 위로해주고 안아주었다. 내게 남은 고민은 집에서 사용하는 미덕의 행동과 언어를 밖에서 만나는 세상의 다양한 이야기와 연결하는 것이었다. 집 밖에 나가면 아름다운 것들도 많지만 그렇지 못한 것도 본다. 아이가 친구에게 배를 맞은 것도 마찬가지다. 자기 존재를 증명하고자 타인에게 폭력을 행사한 것도, 맞고 가만히 있는 것도 옳지 못하다.

시현이가 유치원으로 다녔던 숲 학교는 개방된 넓은 공간에서 자기가 원하는 장소와 활동에 집중할 수 있었다. 최소한의 제한이 있을 뿐이니 아이들의 욕구가 채워지지 않을 경우는 드물다. 그러니 다른 원생들과 사소한 다툼도 잘 일어나지 않는다. 이에 비해 학교 교실은 공간에서부터 제한된다. 정해진 수업 시간과 쉬는 시간에도 활동이 제한된다. 제한된 공간과 시간 내에서는 원하는 것도 제한될 수밖에 없다. 어쩔 수 없이 아이들에게 더 많은 사건과 상황이 발생한다. 발생하는 수만큼 많은 미덕의 행동이 따른다. 그걸 이해시키고 집에서 하는 미덕이 학교와 세계와 우주로 퍼져나가면 좋겠다고 생각했다. 우리는 '지구를 미덕으로 채워라' 라는 놀이를 하며, 학교에서 알아야 하는 미덕을 생각해보는 시간을 가졌다.

〈지구를 미덕으로 채워라〉

준비물

전지 또는 스케치북, 동전 또는 돌.

활동 방법

1. 종이 또는 스케치북에 지구를 그린다. 정확하게 그리지 않아도 된다. 둥근 원을 그리고 선을 그어준다.
2. 빈칸 속에 미덕 단어를 적는다.
3. 출발 지점을 정한다.
4. 동전, 돌 등으로 각자의 말을 정한다.
5. 손가락으로 말을 튕겨서 지도 속의 칸 안으로 들어가게 한다.
6. 자기의 말이 들어간 칸 속의 미덕이 어떤 의미인지 말한다. 또는 미덕과 연관되는 사람, 사물을 떠올리고 이야기 나눈다.

가령, 말이 들어가 있는 곳의 미덕이 '배려'라면, 주변에 배려심이 높은 사람이나, 배려가 필요한 순간을 떠올려 이야기한다. 자연이나 사물과 연결해 대화를 나눈다.
내 '말'이 들어가 있는 칸에 '감사'라고 적혀 있다면, "감사는 지금 필요한 미덕이야, 지금 시현이가 없다면 혼자 있어야겠지. 시현아, 같이 있어 줘서 고마워."라고 말하며 즐길 수 있다.

52가지 다양한 미덕을 머리에 떠올릴 수 있는 놀이 활동이다. 우리 동네에 있는 병원이나 마트, 학원, 놀이터 등을 그리고 그 위에 미덕을 적어도 된다. 사는 지역, 나라를 그림으로 그리고 미덕을 적어 지역과 미덕을 같이 알도록 해준다. 미덕과 삶을 연결하여 생활 속에서 일어나는 상황을 미덕의 언어로 표현할 수 있도록 도와준다.

4-6 미덕 박스

미덕이 깨어 있는 삶을 살아간다는 것은 머리로 익히는 것이 아니다. 나의 삶이 세상과 연결되어 있다는 걸 알고, 옳다고 생각하는 것을 행동하는 것이다. 내가 기쁘면 내 가족이 기쁨의 기운을 받고, 내가 슬프면 내 곁에 있는 사람이 슬픔의 기운을 받는다. 마찬가지로 우리 주변 사람들의 마음과 상황이 내게도 영향을 끼친다. 더 좋은 것, 더 아름다운 삶을 바란다면, 우리가 경험하고 있는 일상에서 미덕을 발견하는 것으로 시작하면 좋다. 일상에서 만나는 많은 것에서 미덕을 찾는 창의로운 활동을 통해, 자기 내면의 미덕을 깨울 수 있어야 한다.

눈에 보이는 것은 무엇이 있는가? 지금 내 눈에는 노트북, 방문, 소파, 컵, 책, 문구류가 들어가 있는 필통과 노트가 있다. 그리고 내 마음속에는 산책길에 만났던 태양, 바람, 새, 이웃, 나무, 자동차와 같은 것들이 떠오른다. 우리 일상에서 언제든 마주할 수 있는 사물과 사람은 각기 미덕을 다 갖고 있다.

52가지 미덕의 눈으로 사물을 보자. 노트북은 지식의 보고이다. 언제든 내가 필요한 정보를 제공하는 것은 물론이고, 일기장의 역할과 소통을 할 수 있도록 도와준다. 만능의 기능을 다 하기 위해 최선을 다하는 탁월함의 미덕을 갖고 있다.

필통이 가진 미덕은 무엇일까? 필통이 없다면 볼펜이며, 샤프펜슬, 지우개, 형광펜이 분명 책상 위를 어지럽히고 있을 거다. 필통이 가진 '정돈'의 미덕 덕분에 책상과 가방 속에는 떠돌아다니는 문구류가 없다. 또한, 필통이 있기에 물건이 없어져 중간에 다시 사지 않도록 도와준다. 자원을 아끼고 내 물건을 소중하게 여길 수 있도록 도와주는 '도움'의 미덕도 있다.

도로에 다니는 자동차는 어떤가? 자동차는 우리를 목적지까지 신속하고 정확하게 데려다준다. 덥거나 비가 오는 날 자동차 없이 걸어서 목적지로 간다면, 우리 몸이나 옷은 땀이나 비에 젖어서 불쾌함을 느낄 것이다. 자동차가 우리에게 주는 배려와 상냥함을 통해 상쾌함을 유지할 수 있으며, 먼 거리를 편하고 빠르게 이동할 수 있도록 도와준다.

가족과 함께 '미덕 박스 활용하기'는 가족 간의 대화 물꼬를 열고, 편안하고 진지하게 이야기를 나눌 수 있게 해준다. 다양한 생각을 꺼낼 수 있는 창의적인 놀이다.

특정 인물이나 사물 혹은 상황을 적은 종이를 '미덕 박스'에서 꺼낸다. 가령 '나무'라는 단어가 적혀 있는 카드라면, 이 단어가 가진 기억과 느낌, 생각을 꺼내어 미덕으로 옷을 입혀 준다.

"우리가 뽑은 단어는 '나무'야. 나무에는 어떤 미덕이 있을지 돌아가면서 말해볼까?"

"소풍 갔을 때 나무 밑에서 친구들과 밥을 먹었어. 집처럼 편안하게 느껴졌어. 나무에서 '친절'의 미덕을 발견했어."

"나무는 나쁜 공기를 빨아들이고, 깨끗한 공기를 보내주니 '헌신'의 미덕이 있어."

"나무는 더울 때 그늘을 만들어 줘서, 해를 피할 수 있도록 해줘. 나무는 '도움'의 미덕이 빛나."

"사과나 감, 호두같이 열매를 만들어서 우리가 먹을 수 있어. 나무는 베풀고 나누어주는 '너그러움'의 미덕이 있어서 좋아하는 과일을 먹을 수 있으니 '감사'해."

함께 찾는 '미덕 박스' 활동은 내가 생각하고 있던 나무에 관한 생각을 보게 해줄 뿐만 아니라, 다른 사람의 경험과 생각 속의 다른 다양한 미덕을 발견할 수 있게 해준다. 일상에서 만나는 소소한 물건을 미덕의 안경을 쓰고 본다면, 미덕으로 빛나는 것을 볼 수 있다.

한번은 학교에서 미덕 수업을 진행하던 중 '미덕 박스'에서 '친구'가 적혀 있던 단어가 나왔다. "우리가 찾은 주제는 '친구'인데, 친구에는 어떤 미덕이 있을까?" 재은이는 학교 마치고 친구가 있어서 함께 맛있는 떡볶이를 사 먹었다고 한다. 혼자서는 사 먹으려니 부끄러워 참고 있었는데, 친구가 지나가기에 같이 먹자고 '용기' 내 말했다고 한다. 미정이는 수학 숙제가 어려웠는데, 친구가 도와줘서 이해할 수 있었다며 '도움'의 미덕을 빛내어 준 친구에게 감사하다고 하는 친구도 있었다. 아이 중에 쉽게 말하지 못하는 친구가 있었다. 친구들의 이야기를 한참 듣고 있던 친구는 조심스럽게 친구들로부터 따돌림을 당하고, 폭력적인 말을 들은 적이 있다고 했다. 나름대로 친구들과의 관계를 회복하기 위해 노력했지만 실패했다고도 했다.

이때의 경험으로 자신을 돌아보게 되었고, 등한시 하던 공부를 하게되었다고 했다. 이 이야기를 들은 친구들은 배려와 존중을 받지 못해서 속상했겠다며 위로해 주었다. 그리고 힘든 상황을 극복하고 자기를 위한 선택을 하고 노력했던 친구의 행동에 절도와 용기의 미덕이 빛났다고 말해주었다.

함께 이야기 나누는 시간은 자신이 겪은 일을 돌아보는 기회가 되었다. 곁에 있는 사람들이 전해 주는 따뜻한 마음과 격려는 힘든 시기를 잘 이겨낸 경험을 나누면서 얻게 되는 선물이었다.

이처럼 세상에서 찾아볼 수 있는 다양한 사물이나 경험뿐만 아니라 사람이나 역할에 대해서도 미덕을 찾을 수 있다. 부모님, 친구, 선생님, 동생 또는 나 자신, 혹은 특정한 어떤 사람이 대상이 된다. 그들이 가진 성격, 말이나 행동을 떠올리며 미덕을 찾아준다. 사람들과 함께 미덕을 찾다 보면, 미처 내가 평소에 생각하지 못했던 많은 미덕이 빛내고 있었음을 알게 된다. 뿌듯하고 의미 있는 활동이다. 가족과 함께, 또는 혼자서도 언제든 미덕을 떠올리기 쉬운 활동으로 미덕 박스를 만들어 보자.

<미덕 박스>

준비물

색종이, 상자

활동 방법 1) 다 같이 뽑기

1. 색종이에 주변에서 흔히 볼 수 있는 사물이나 사람, 동물, 상황 등 하나의 단어를 적는다.
2. 2번 접어서 상자 속에 넣는다.
3. 미덕 박스에서 각자 1장씩 뽑는다.
4. 종이에 적힌 단어의 역할이나 의미를 생각한다.
5. 단어가 가진 미덕과 이유를 이야기 나눈다.

활동 방법 2) 대표로 1장 뽑기

한 사람이 대표로 상자 속의 종이를 1장 뽑는다. 뽑은 단어에 대해 역할이나 의미를 생각하며 떠오르는 미덕을 돌아가면서 말한다.

이때, 종이에 적혀 있는 단어에 대한 미덕을 한사람이 먼저 말하는 동안 다른 사람들은 경청한다. 말하는 사람의 이야기가 끝나면, 다음 사람이 앞 사람이 말하는 동안 빛났던 미덕이 무엇이었는지 말해준다. 같은 방식으로 전원이 하나의 종이에서 나온 단어에 대해 각자가 찾은 의미와 미덕을 말해주고, 미덕 샤워를 받는다.

이때 주의할 것은, 도저히 떠오르지 않거나, 말하고 싶지 않을 때는 소신의 미덕을 빛내어 '패스' 해도 된다.

4-7 미덕 일기

방과 후에 일기장을 펼쳐놓고 앉아 있는 9살 아들의 모습은, 40여 년 전 일기장을 방바닥에 펼쳐놓고 엎드려 있었던 초등학교 시절의 내 모습을 떠올리게 했다. 일기장 한 권을 모두 넘겨봐도 '아침에 일어나 밥을 먹었다. 학교에 가서 공부했다. 마치고 친구들과 놀았다. 재미있었다.'에서 크게 벗어나지 않는 늘 반복되는 일상이었다. 크게 보면 어제와 다를 것 없는 하루에서 일기를 찾아 쓰고자 하니 늘 같은 내용이었다. 뭔가 다른 것을 찾아 일기 쓸 능력은 없고, 글쓰기에 재미도 느끼지 못했다. 숙제라 어쩔 수 없이 적었던 일기 쓰기는 이후 30년 이상을 일기에서 멀어지게 만든 계기가 되었다.

"하루를 반성하고 성찰하여 기록으로 남기는 것이 일기야."라고 선생님의 말씀을 들었다고 해도, 초등학교 때는 그 말의 의미를 몰랐다. "일기를 쓰는 것은 중요하고 꼭 필요해."라고 말을 들었다 해도 그 말은 내게 와닿지 않았다. 나는 그랬는데, 우리 아이들은 어떨까? 초등학교 아이에게 일기를 써야 하는 목적은 무엇일까? 어떤 목적이더라도 보통의 아이에게 일기의 가치를 알려주고, 공감시켜서 적어보라고 요구해도, 흔쾌히 적지 않는다.

일기장 속의 하루를 돌아보면 대부분 비슷했다. 치마를 입은 여자 친구에게 짓궂은 남자아이가 "아이스케키"라고 외치며 치마를 들치어서 얼음처럼 굳어서 울었던 일이 특별했다. 방과 후에 많이도 놀았다. 그 속에 있었던 특별한 감정과 기분이 전혀 없는 일기였다. 늘 '친구랑 놀았다. 재미있었다.' 라는 등과 같이 비슷한 내용으로 마무리 되었다. 그 속에 있었던 속상함, 슬픔, 잔잔한 마음의 울림이나 기쁨은 일기장에 들어가야 하는 것을 몰랐다. 알았다 해도 혼자서 꺼내어 일기장에 풀어놓지는 못했을 것이다.

시현이는 초등학교 1학년 때, 글쓰기로 조선일보에서 상을 받은 적도 있었다. 학교에서도 글쓰기로 상을 받은 경험이 있는 아이다. 그런데도 일기장을 펼쳐놓고 시간을 끌고 있는 아이는 40년 전 나와 별반 다르지 않다. 내 경험이 아이의 일기 숙제에 도와주겠다고 마음을 갖게 해줬다. 평소 잠들기 전에 그날 있었던 일들을 이야기 나누며 그 속에서 드러났던 미덕을 찾아 대화했던 경험을 일기 쓰기에 넣자고 아이에게 안내했다.

"시현아, 오늘 학교에서 어떤 일이 있었는지 말해줄래?"

"수업하고, 쉬는 시간에 친구들이랑 놀고, 점심 먹었는데."

"아, 그렇지, 그중에서 기억에 남는 일은 뭐가 있을까?"

"급식 시간에 밥을 남겨서 선생님께 야단 맞았다."

"우리 아들이 야단을 들었어? 엄마에게 좀 더 자세히 말해줄래?"

"잡곡밥이 나왔는데, 먹기 싫었거든. 반찬은 미역국이랑 닭이랑 좋아하는 게 나왔는데 김치랑 밥을 먹기 싫어서 남겼어."

"좋아하는 반찬은 다 먹었는데, 김치랑 잡곡밥은 싫어서 안 먹었다는 거구나."

"응"

"그 순간 시현이에게 빛났던 미덕은 무엇일까?"

"소신이야, 밥을 먹으면 토가 나올 것 같았거든, 그래서 선생님이 먹어보라고 해도 안 먹었던 거야."

"아, 그랬구나. 엄마랑 나누었던 급식실에서 있었던 이야기를 일기장에 적어볼까."

사람은 보통 글을 쓰는 것보다는 말을 하는 것이 익숙하다. 아이들에게 그날 있었던 일을 먼저 물어보면, 다양한 이야기와 느낌을 말해준다. 말했던 것을 그대로 옮겨 적으면 된다. 작은 도화선으로 일기가 훨씬 풍성해진다.

일기 대화는 하루 중에 기억에 남는 일이 무엇이 있었는지 묻는다. 그리고, 구체적으로 어떤 일인지 자세히 말해 달라고 요청한다. 어떤 상황이었는지, 옷 색깔이나, 같이 있었던 사람, 생각나는 말, 기억나는 행동 등을 물어보면 좋다. 그리고 아이의 감정이 어떠했는지 묻는다. 그때 빛났던 미덕은 무엇인지 이유를 들어서 찾아본다.

말할 때, 있었던 사건을 구체적으로 이야기하게 하고 그때의 감정을 들어야 한다. 일기장 속에는 사건과 감정이 들어간 이야기가 전개된다. 의무적으로 적어야 하는 일기 쓰기라고 해도 즐겁게 적도록 도와주는 것이다. 다양한 생각이 들어가 있는 일기장은 아이에게 자신의 이야기가 소중하다는 것을 느끼게 해준다.

좋아하는 것, 소중하게 생각하는 것을 '가치' 있다고 한다. 가치 있는 것은 지키고자 한다. 그렇다면, 세상에서 가장 소중한 것은 무엇일까? 자기 자신이다. '소중한 나'라는 말을 엄마가 아이에게 해주고, 아이가 자기에게 스스로 말해준다. 그러면 자기가 하는 일에 보다 관심을 두고 진지하게 행동할 것이다. '소중한 자기'를 아름답게 키워갈 것이다.

자기 자신을 소중하게 생각하는 사람, 가치 있게 생각하고 존중할 수 있는 사람은 타인도 배려하고 존중한다. 자신을 함부로 취급하지 않는다. 그뿐만 아니라 타인이 주는 잘못된 태도에 대응하고 저항할 수 있다. 그래서, 밤이면 아이에게 묻는다.

“시현아, 세상에서 가장 소중한 너에게 오늘 무엇을 해줬어?”

“설민석의 한국사를 읽었어.”

“와, 그게 소중한 너에게 어떤 도움이 된 것 같아?”

TV보다, 핸드폰을 보다가 잠들 아이들에게, 게임과 유튜브보다 더 소중한 존재가 자기 자신이라는 것을 깨워주는 대화를 잠자기 전에 해 보자. 아이는 게임을 잊어버린다. 소중한 자기 이야기를 하면서 점차 목소리에 힘이 들어가고 밝아진다. 이야기를 기록으로 남기면 일기가 된다. 자기를 소중하게 여길 수 있도록 아침 시간에 문을 열어주는 질문을 하면 좋다.

”세상에서 가장 소중한 너에게 오늘 어떤 일을 해주고 싶어.“

물론 바쁜 등굣길에 아이의 대답을 듣기는 힘들다. 하지만 학교 가는 길에 아이의 마음속에 메아리칠 것이다.

‘세상에서 가장 소중한 나에게 어떤 일을 해 줄까?’

〈미덕 일기〉

준비물

미덕 책받침 또는 미덕의 보석들

활동 방법

1. 오늘 내 생각이나 느낌 혹은 경험들에서 52가지 미덕 상태를 체크한다.
2. 내가 가진 52가지 미덕의 보석 중에서 잠자는 미덕, 성장시킬 미덕과 빛나는 미덕은 무엇인지 찾는다.
3. 빛나는 미덕에는 동그라미, 성장시켜야 할 미덕에는 하트, 잠자는 미덕에는 별 표시한다.
4. 미덕 점검표를 기반으로 오늘 혹은 최근에 있었던 일 중에서 기억에 남는 일을 중요 단어로 적은 후 함께 이야기 나눈다.
5. 궁금한 것을 찾아 질문한다.
6. 이야기를 듣고 그 순간에 빛났던 미덕이 무엇인지 물어본다.
   예) "그 순간에 너에게 빛났던 미덕은 무엇이었니?"
7. 다 듣고 난 후 이야기 속에 어떤 미덕이 있었는지 발견하여 미덕을 인정해준다.
   예) "네 이야기를 듣고 나니 진실함과 용기의 미덕이 빛나는 것을 보았어."
8. 이야기 나눈 것을 떠올려 기록한다.

미덕의 보석들

"모든 사람의 인성의 광산에는 모든 미덕의 보석이 박혀있다."

내가 가진 미덕의 보석 중에서 지금 또는 최근에 빛나고 있는 보석에는 동그라미 ○를, 깨우고 싶은 보석에는 하트 ♡, 잠자고 있지만 깨어내고 싶은 보석에는 별☆로 표시해 보세요.

동그라미 ○의 미덕은 태양처럼 환하게 빛나는 미덕입니다.
하트 ♡의 미덕은 깨우고 싶다는 마음만으로도 이미 빛나는 미덕입니다.
별☆을 준 미덕은 낮에는 보이지 않는 수많은 별처럼 당신 속에 빛나기 위해 기다리는 미덕입니다.

52가지 미덕

감사	배려	유연성	창의성
결의	봉사	이상품기	책임감
겸손	사랑	이해	청결
관용	사려	인내	초연
근면	상냥함	인정	충직
기뻐함	소신	자율	친절
기지	신뢰	절도	탁월함
끈기	신용	정돈	평온함
너그러움	열정	정의로움	한결같음
도움	예의	정직	헌신
명예	용기	존중	협동
목적의식	용서	중용화합	화합
믿음직함	우의	진실함	확신

4-8 보석을 찾아서

평범한 일상에서 특별한 의미를 찾기가 쉽지 않다. 어쩌다 가족 여행이나, 캠핑이라도 갈라치면 뭔가 특별한 일이 생기길 기대한다. 막상 떠나보면 집에서 하는 것과 별반 다르지 않다는 것을 깨닫는다. 어른들은 집에서 마실 술을 야외로 옮겨 놓은 장면이 연출된다. 아이들도 마찬가지다. 집에서 집중하는 스마트폰 게임을 야외로 옮겨 온 장면이다. 단지 교과서와 문제지는 잊고 마음껏 즐길 수 있다. 캠핑, 여행이 주는 의미 있는 활동도 평범한 일상으로 만들어 버린 모습을 흔히 본다.

아이는 맥 바넷과 존 클라센의 그림책 『샘과 데이브가 땅을 팠어요』 이야기를 한참 좋아했다. 책을 보면, 월요일 아침에 샘과 데이브가 땅을 파는 이야기다. 먹을 것과 강아지를 동행하여 둘은 땅을 파기 시작한다. 깊이 파고 들어가서 먹을 것을 나눠 먹으면서 땅을 파고 들어가는데, 땅속에 박혀 있는 보석들을 모두 피해서 땅 속으로 내려간다. 땅을 파고 내려갈수록 발견하지 못하고 가는 보석이 점점 더 커진다. 마지막 순간 집으로 돌아오면서 '어마어마하게 멋졌어.'라고 말하며 끝나는 이야기이다. 책을 읽는 내내 아이는 샘과 데이브가 놓친 보석들을 따라가며 점차 커지는 보석만큼이나 찬탄과 아쉬움이 교차해서 즐겁게 읽었던 그림책이다. 아이가 유난히 좋아하는 모습을 보면서 땅속의 보석을 찾아주고 싶었다. 특별한 기억을 만들어 주기 위해 숲으로 갔다.

6월 여름이 시작되어 이미 졸업한 숲유치원을 8살 아들과 지인의 두 명의 아이와 함께 찾았다. 아이가 놀던 유치원은 산언저리에 있던 숲인지라 여름을 즐기기에 좋은 장소다. 김밥이랑 치킨, 음료와 같은 먹을거리를 준비했다. 땅속 보석으로 사용할 52개의 미덕의 단어(감사, 사랑, 이해, 인내, 목적의식, 책임감, 존중 등)가 적혀 있는 미니 '미덕의 보석' 카드를 한국버츄프로젝트에서 구매해서 준비했다. 보석 카드를 넣어 둘 항아리는 문방구에서 구입했다. 끝으로 땅을 파기 위해 커다란 삽도 철물점에서 샀다. 준비가 다 끝났는데, 출발할 때부터 비가 내리기 시작했다. 6월 소나기가 장대같이 내렸다. 비가 내린 덕분에 숲 어디에다 삽을 꽂아도 잘 파였다. 삽질이 수월했다. 미리 계산하지는 않았지만, 비가 내리지 않았다면, 숲이라 해도 맨땅이라, 삽질하다가 지쳐서 포기하지는 않았을까 싶었다. 아이들이 삽으로 흙을 파고, 보석을 찾았다. 땅 속 항아리에 들어있는 보석을 발견한 아이들은 실제로 땅에서 보석이 나오자 정말 놀라며, 크게 좋아했다. 산속에서 땅을 파다가 보석을 찾았으니 왜 안 그렇겠는가? 이후 한참이 지나 아들이 물었다.

"엄마, 솔직히 말해봐. 옛날에 유치원에 소풍 갔을 때, 우리가 미덕 보석을 찾았잖아. 그거 엄마가 숨긴 거 아냐?"라고 묻는다. 엄마가 파보라고 했던 장소에서 보석이 나왔다는 것이 아들에게는 진짜라고 믿을 수 없었나 보다. 꽤 오랫동안 보석을 찾았다며 자랑하고 다녔던 아들이 성장하면서 그게 가짜일 수 있다고 생각했다. 진실을 알았다고 해도 무슨 상관이겠는가? 성인이 된 아이가 어렸을 때를 떠올리며, 숲에서 땅을 파다가 보석을 찾았다는 기억을 소환해낸다면 그것으로도 족할 것 같다.

〈미덕의 보석을 찾아라!〉

준비물

미덕의 단어를 적은 색종이 또는 모조 다이아몬드의 '보석'

활동 방법

1. 여행지에서 아이들이 보지 않을 장소에 '보석'을 숨긴다.
2. 찾은 보석의 수만큼 선물을 선택한다.
3. 보석 속에 적혀 있는 '미덕'이 의미하는 것과 연결하여 선물을 선택하고 그 이유를 말한다.
4. 이번 여행에서 자기가 찾은 보석을 실천해 보는 미션을 갖는다.

유의 사항

1. 여행을 떠나기 전에 게임과 과정을 안내한다.
2. 게임에 참가하는 모든 사람이 보석을 찾을 수 있도록 드러내지 않고 도와준다.

보석을 찾았다면, 보석 속에 적혀 있는 미덕이 무엇인지 이야기 나누며 그 보석과 어울리는 상품을 보석을 찾은 사람이 선택한다. 미리 준비된 상품이 미덕과 어떻게 어울리는지 말해 보고 상품을 가져간다. 혹은 찾은 보석이 어떤 행동과 어울리는지 말하도록 한다.

보석 찾기 놀이에서 유의할 점은, 참가자 전원이 보석을 하나씩은 찾도록 도와주어야 한다는 점이다. 아무것도 찾지 못 한 사람은 실망하게 된다. 분위기를 보면서 아이들이 찾을 수 있도록 보석 일부는 숨겨두고, 잘 찾지 못하는 사람의 눈에 띌 수 있도록 도와주는 것도 필요하다.

4-9 미덕 비행기를 날려라

아들은 유치원을 다닐 때부터 작은 손가락을 꼼지락거리며 색종이를 이용해서 꽃, 미니카, 비행기 등을 만들었다. 아들이 만들어 낸 비행기를 보면서, 저 비행기에 꿈을 적어 날려 보내면 좋을 것 같았다. A4 용지에 아이가 되고 싶은 사람, 갖고 싶은 것, 원하는 것 등을 이야기하면서 비행기를 접었다. 집안에서 비행기를 날리다, 야외로 나가 비행기를 날리며 즐겁게 놀았다.

2019년, 엄마가 된 이후 처음으로 초등학교 방과 후 돌봄교실에서 일하게 되었다. 하브루타와 버츄프로젝트의 다양한 활동으로 방과 후 아이들과 놀았다. 내게 익숙한 색종이 접기로 학교에서 만난 아이들과의 활동에도 이어졌다.

'미덕 비행기를 날려라' 라는 활동 놀이를 했다. 집에서 종이로 접은 비행기 놀이에서 착안하여 이루고 싶은 꿈과, 그에 다다르는 데 방해가 되는 것들을 이야기 나누었다. 문제를 해결하고 꿈에 다가가기 위해 할 수 있는 일과 우리 안에서 꺼내야 할 미덕까지 찾아보는 시간을 가졌다.

당장에 학교와 학원에 다니고 있지만, 아이들이 가진 다양한 걱정들이 머릿속을 차지하고 있었다. 걱정하고 있어도 해결책이 없으니, 늘 그 자리에 맴돈다. 공부하더라도 성적이 오르지 않고, 제대로 집중되지 않을 때도 많다는 것을 알게 되었다. 아직은 '초등학생이라 미래에 구체적으로 어떤 사람이 되겠다.'라는 명확한 목표를 갖지 않은 친구도 꽤 많았다. 이번 활동을 통해 공부는 학생이니까 당연히 해야 하는 일로 생각하는 친구도 있었으며, 친구가 하니까 따라 하는 친구, 시키니까 하는 학생도 있었다.

아이들에게 자기가 좋아하는 것과 잘하는 것, 잘하고 싶은 게 무엇인지 찾아보게 했다. 그리고 잘하고 싶지만 잘되지 않는 것을 찾고, 싫어하는 것도 찾아서 자기가 어떤 사람인지 먼저 알아보게 했다. 의외로 사람들은 자기가 좋아하는 거나 잘하고 싶은 것을 찾는 작업이 꽤 까다롭고 어려워했다. 그만큼 자기에 대해 잘 아는 사람이 흔치 않다. 이 과정을 통해 얻은 결과를 바탕으로, 잘하고 싶은 것을 이루는 것에 목표로 두고 지금 해야 할 것을 찾아보았다. 아이들이 주로 잘하고 싶은 것은, 공부가 대부분이었다. 개중에는 친구 사귀기, 노래 잘 부르기, 게임, 모자를 많이 떠서 해외에 보내주기 등 다양한 활동을 원했다. 아이들이 마음에서 원하는 것, 잘하고 싶은 것을 찾고, 잘하고 싶은데, 안 되는 이유가 무엇인지 찾아보았다. 안 되는 이유도 다양한데, 잠이 많아서, 시간 부족, 해야 할 게 너무 많아서, 혼자서 하려니 어떻게 해야 할지 찾을 수가 없다 등이 있었다.

하고 싶은 것과 그것을 하지 못하게 방해가 되는 문제를 찾았으니, 해결책을 찾아보았다. 모자를 떠서 아프리카에 보내고 싶다는 기특한 친구는 시간 부족이라고 한다. 24시간을 펼쳐놓고, 학교와 학원에 있는 시간을 빼고 학생이 가진 시간 중에서 부족한 시간을 어디에서 찾을 수 있을지를 참여하는 친구들과 함께 찾아보았다. 찾는 과정에서 주말과 휴일을 빼고 평일만 해도 시간이 충분하다는 것을 알았다. 학원 과제가 많아서 집에 가면 과제 하고 저녁 먹고 나면 모자를 뜰 시간이 없다고 한다. 이 학생을 위해 친구들이 찾아준 방법은 학교에서 쉬는 시간이나 휴식 시간을 이용해보는 것과 학원 가는 차 안에서도 할 수 있음을 찾았다. 하고 싶은 일이 있어도, 깊이 생각하지 않고 막연히 하고 싶다는 생각만 하고 있던 이 학생은 친구들이 찾아준 시간을 활용하는 방법 덕분에 제대로 할 기회를 얻었다. 자기가 좋아하는 일을 하는데 열정, 친구들의 의견이나 더 나은 방향으로 발전하겠다는 유연성과 목적의식, 감사, 기뻐함이라는 미덕을 찾았다.

이렇게 하고 싶은 것을 찾고, 이룰 수 있는데 필요한 미덕이 무엇인지 찾았다. 종이에 목표와 미덕을 찾아서 적고 비행기를 만들어 날리는 활동을 했다. 막연히 하고 싶은 일에 그치지 않고 적극적인 기쁨으로 연결하여 실천 의지를 북돋우는 활동이 되었다.

학생들은 미덕 비행기 날리기 활동을 통해 꿈에 대해 구체적으로 생각할 수 있었다. 목표나 꿈을 이루는 데 방해가 되는 요소나, 고민과 걱정으로 앞으로 나아가지 못하는 상태를 돕는 방법이다. 문제 상황을 인식하고 자기가 가진 미덕의 힘으로 헤쳐 나갈 방법을 찾도록 도와주는 코칭 기법으로 활용할 수 있다. 집단 활동에 유용하다.

다양한 목표와 이루고 싶은 꿈을 갖고 있으나 그것에 다다르는 구체적인 방법이나 문제를 찾지 못하고 있는 경우가 많다. 학생들은 목표를 이루기 위해 공부하면 된다고 생각하지만 공부하는 기계가 아닌 다음에야 갈등과 고민이 발생한다. 공부를 열심히 하지만 성적이 기대에 미치지 못할 때 느끼는 속상한 감정, 열심히 공부하면서도 문득 무엇을 위한 공부인지 되돌아보게 되는 시간이 생기기도 한다. 자기의 꿈을 찾아보고, 그 꿈을 이루는 방법을 생각하다 보면, 방해 요소도 있다. 방해 요소를 무시하고 해야 할 것만 집중한다고 해도 결국 슬럼프에 빠지거나 그 과정에서 좌절될 수 있다. 꿈을 이루는 과정에서 더 잘 다루어야 하는 게 방해 요소이다.

학생들은 성적, 숙제, 친구 문제, 외모, 자유로운 활동 시간 부족 등 다양한 이유로 고민한다. 초등학생도 스트레스에서 안전한 것은 아니다. 스트레스 지수가 높지 않다면 신체활동이나 대화를 통해 스트레스를 해소하는 방법으로 활용하면 좋다. 꿈을 이루는 과정에서 만나는 암초뿐만 아니라 다양한 걱정과 고민을 이야기하고 새로운 방향을 모색하는 방법이다. 문제는 내부, 외부를 가리지 않고 발생할 수 있지만, 문제의 해결에는 내부에 가지고 있는 미덕의 힘이 깨어나야지만 가능하다.

〈미덕 비행기를 날려라〉

준비물

종이컵, A4 용지, 버츄카드, 매직

활동 방법 1) 꿈을 향해 날아라!

1. 자신의 꿈이나 목표를 이룬 모습을 상상하여 이야기 나눈다.
2. 꿈을 이루는 데 필요한 행동에는 뭐가 있는지 이야기한다.
3. 꿈을 이루는 데 방해가 되는 요소를 종이컵에 적는다.
4. 방해 요소를 해결하기 위해 필요한 미덕이 담긴 버츄카드를 한두 장 뽑아 돌아가며 이야기 나눈다.
6. 꿈 또는 버츄 카드의 미덕 단어를 A4 용지에 적고 '미덕 비행기'를 접는다.
7. 방해요소를 적은 종이컵을 쌓고, '미덕 비행기'를 날려서 컵을 무너뜨린다.
8. 활동하고 난 후, 느낌을 나눈다.

활동 방법 2) 고민 해결

1. 자신의 스트레스의 원인을 찾아서 종이컵에 적는다.
2. 현재의 고민이 무엇인지 이야기 나눈다.
3. 버츄카드를 섞은 후 한두 장 뽑는다. 자신에게 가장 필요한 미덕 하나를 찾는다.
5. 미덕 단어를 활용해 스트레스를 줄일 방법을 이야기 나눈다.
6. A4 용지에 자기가 찾은 미덕을 적고, 종이비행기를 접는다.
7. 스트레스의 원인이 되는 종이컵을 탑으로 쌓고, '미덕 비행기'를 날려서 컵을 무너뜨린다.
8. 활동하고 난 후, 느낌을 나눈다.

4-10 0세에서 100세까지

다른 엄마들처럼 나 역시 출산 준비에 태교가 있었다. 내가 좋아하는 책을 찾아서 시간 나는 대로 아이를 위해 읽어주었다. 그때 버츄프로젝트를 알았다면 나는 분명 태교하기 위해 '버츄카드'를 읽어주었을 것이다. 버츄카드는 어떤 종교와 민족, 이념을 가르지 않는다. 인류사회의 다양한 정신적 유산에서 공통으로 가치 있게 여기는 300여 가지 미덕 중에서 52가지를 선정하였다. 선정된 미덕을 정제된 문장으로 의미와 실천 방법, 다짐을 기록해 놓았다. 이보다 더 좋은 태교가 어디 있을까 싶다.

짧은 문장에 아름다운 단어들이 들어가 있어서 읽다 보면 편안한 마음이 된다. 버츄카드 속의 아름답고 강력한 문장은 마음의 고통을 겪을 때나, 또 다른 힘든 시간에 숨돌릴 틈을 준다. 문제가 닥쳤을 때 스스로 해결할 수 있도록 길을 찾도록 도와준다. 버츄카드 속 문장들이 갖은 삶의 지혜는 타인과 이야기 나눌 소재를 제공해준다. 나는 아이가 7세 때 버츄프로젝트를 알았다. 그때부터 내가 좋아서 낭독하며, 그림책 대신 읽어주기도 했다. 내가 좋아하고 의미 있게 생각하는 문장에 마음을 담아 읽어주니 아이도 좋아했다.

친정은 주택이었는데, 엄마가 화단 옆 벽에 난간처럼 높이 솟아있는 곳에서 떨어져 병원에 입원한 적이 있었다. 엄마와 이야기 나누다 버츄카드를 꺼내어 읽어 드렸다. 마침 나온 카드가 '감사'였다. 감사는 우리가 가진 것을 고맙게 여기는 태도이다. 실천 방법으로 매일 우리가 누리고 있는 축복을 세어보라고 되어있다. 물론 다치지 않았다면 좋겠지만, 다리에 골절 정도로 이만하기에 다행이라며, 병원에서 미소를 지어 보이는 엄마였다.

버츄카드는 그야말로 0세에서 100세까지 아니 죽을 때까지 함께 할 수 있는 최고의 친구이다.

버츄카드를 잘 섞는다. 눈을 감고 카드 중에서 하나를 뽑는다. 카드에서 전해지는 느낌이나 생각, 단어들을 떠올리며 혼자서 질문하고 생각하다 보면 자연스럽게 인성을 갈고 닦을 수 있는 시간이다. 이때 현재 상황과 버츄카드 속 문장들을 연결하여 어떤 통찰이 있는지 찾는다. 대단히 기쁜 순간을 맞았을 때나 힘든 문제를 직면했을 때 버츄카드를 뽑아서 그 순간에 내게 필요한 미덕이 무엇인지, 내가 어떻게 행동해야 하는지를 나 스스로 질문했다. 버츄카드는 언제나 길을 제시해 주는 길잡이이기도 하다.

버츄카드는 혼자만이 아니라 가족이 함께 뽑기도 한다. 물론 카드는 중립적이기 때문에 누구에게나 공정하게 그 순간 필요한 미덕으로 답해 주었다. 한번은 아이가 52장의 카드에서 한 장을 뽑으면서 "열정 나와라!"라고 주문을 하며 한 장을 뽑았다. 아니었다. 다시 카드를 섞고 '열정'을 외쳤다. 이번에도 아니었다. 세 번째 아이가 마지막이라며 다시 '열정'을 외치고 카드를 한 장 뽑았다. '열정'이었다. 아이가 명명했다. "엄마 버츄카드는 마법의 카드야!"

이 마법의 카드의 힘이 대단한데, 언제나 그 상황에 맞는 카드가 뽑혀 나왔다. 그러다 보니 내게 꾀가 생겼다. 아이가 잘한 일, 좋은 일은 잊고 있다가 아이가 잘못했을 때 훈육의 도구로 버츄카드를 뽑는 일이 잦게 되었다. 잘못했을 때 굳이 내가 설명하지 않고, 어떤 미덕이 필요한지 묻지 않아도 아이가 버츄카드에서 답을 찾아냈다. 훈육이 편했다. 스스로 잘못을 찾고 반성까지 하니 의미 있어 보였다. 그런데, 아이의 마음을 헤아리지 못했다. 사실 아이들은 눈이나 귀로 듣지 않아도 자기의 행동이 잘못한 줄 이미 알고 있다. 그런 아이에게 잘못할 때마다 버츄카드를 뽑게 했다. 스스로 인지하는 잘못을 자기 손으로 뽑아 다시 확인하게 했다. 그때마다, 정직, 예의, 배려와 같은 단어들이 나오자, 아이는 버츄카드를 조금씩 멀리하게 되었다. "버츄카드 뽑자!"라고 말을 하면 아이 표정이 굳어지고, 점차 다른 구실을 만들었다. 버츄카드를 뽑으라고 해서 스스로 잘못을 다시 확인시켜줄 필요는 없었다. 아이가 1년 이상을 버츄카드를 싫어하게 되는 상황을 만들었다. 버츄카드를 편협하게 한쪽으로 사용한 내 잘못이었다. 아들에게 얼마나 잔인한 행동이었는지 지금 생각해도 마음이 미어진다.

이 상황을 만회하는 데 걸린 시간은 생각보다 길지 않았다. 잘못한 후 피하고 싶은 상황이 아니라 아이가 사달라고 요청하는 것, 필요한 것이 있다고 말할 때, 짐짓 안 된다고 하다가, 버츄카드를 뽑아 보자고 했다. 그럴 때, 아이는 '절도'의 미덕을 찾아내고 말한다. "엄마, 절도는 자신에 대한 존중이래. 내 부탁 들어줄 거지"라고 말하며 함박웃음을 지었다.

버츄로 훈육하는 것이 편했다. 하지만 잘못했을 때 빛내야 하는 미덕만이 아니라, 매 순간 행동하기 전이나 사건이 일어난 후, 혹은 기쁜 일이 있을 때, 갈등의 순간 등에도 뽑아야 했던 것을 훈육의 수단으로 탁월했기에 나는 실수를 했다. 버츄카드는 내 안에 있는 답을 찾도록 도와주는 안내자이다. 어느 순간이고 탁월한 동반자니 잘 이용하기를 바란다.

〈버츄카드로 놀다〉

준비물

버츄카드

활동 방법 1) 버츄로 질문하기

1. 버츄카드를 잘 섞는다. 그중에서 한 장을 뽑아 읽는다.
2. 소리 내어 읽으며 음미해 본다.
3. 자신에게 와닿는 문장을 찾아본다.
4. 현재 자신의 삶과 연결하여 질문하고 생각한다.

활동 방법 2) 버츄 나누기

1. 잘 섞은 버츄카드를 돌아가며 한 장씩 뽑아 읽는다.
2. 카드 앞면을 소리 내어 읽어 준다.
3. 현재 자기 삶과 연관 지어 이 미덕이 온 이유를 생각하며 이야기 나눈다.

(한 사람씩 돌아가며 자신이 뽑은 카드 앞면을 읽고 통찰을 이야기 나누는 동안 다른 사람은 경청한다. 이야기가 끝나면 그 속에서 미덕을 찾아 인정해 준다.)

활동 방법 3) 함께 실천하기

다른 사람들과 함께 버츄카드를 뽑는다.

카드의 앞 · 뒷면을 읽고 마음에 드는 문장을 찾는다.

카드가 내게 온 이유를 생각하며 미덕을 실천할 수 있는 행동을 찾아본다.

다음에 만나 실천했던 미덕의 행동을 한 사람씩 돌아가며 나눈다.

(한 사람이 말하는 동안 다른 사람은 경청한다. 실천 이야기를 듣고 그 속에서 미덕을 찾아 인정해 준다.)

5장

버츄, 학교에 가다

5-1 천사를 만나러 가는 길

1년 이상을 미덕으로 노는 시간은 아이가 미덕과 가까워지는 데 도움이 되었다. 하루는, "친구가 지우개를 떨어뜨려서 내가 친절하게 주워 주었어."라고 했다. 갓 학교에 입학하여 배려하고, 친절한 행동을 보여준 것이 기뻤나 보다.

1학년 아들에게는 학교가 집 다음으로 좋은 곳이었다. 집에 오면 엄마와 단둘이 있어야 하지만, 학교에서는 친구들과 함께 놀 수 있기 때문이었다. 시현이가 다니는 학교는 내 아이를 오롯이 맡겨 놓고 있으니 엄마인 내게는 어렵고 조심스러운 장소였다. 더군다나 마흔 중반이 된 나이에 학부모가 되어 학교에 간다는 것 때문인지 쪼그라드는 마음마저 올라왔다.

그랬던 나에게 '학교에 가서 버츄프로젝트로 아이들을 만나면 좋겠다.'라는 생각이 움트기 시작했다. 버츄카드를 낭독하고, 미덕의 보석 책받침으로 질문 놀이도 하면서 아이를 양육하는 데 도움을 많이 받았다. 버츄프로젝트는 나를 직면하게 해주었고, 비참한 감정에서 헤어나올 수 있게 도와주었다. 자연스럽게 자신감도 높아졌다. 이렇게 좋은 것을 나만 알고 있기에는 너무 아쉬웠다. '내 아이와 즐길 수 있다면 다른 아이들도 가능하지 않을까?' 라고 생각하니 자신감이 생겼다.

출산 이후 공부하면서 쌓은 경험들이 있다. 그동안 아이만 키운 게 아니었다. 아이 공부는 내가 해주겠다는 의지로 열심히 공부하면서 얻은 경험으로 초등학교 방과 후 봉사 돌봄 신청을 했다. 학교에서 했던 수업이라면 도서관에서 학교 지원 사업으로 참여했던 독서 활동 경험이 있었지만, 1년 계약은 새로운 도전이었다. 결과보다는 도전만으로도 흥분과 의미를 주는 특별한 사건이었다.

자기소개서와 이력서 등을 들고 찾은 학교는 창원에 있는 작은 초등학교였다. 전체 학생이 50명이 채 되지 않았다. 방과 후에 1, 2학년은 돌봄 교사가 지정되어 있다. 3, 4, 5, 6학년이 돌봄 없이 바로 하교를 하는 시내의 큰 학교와는 달리 시 외곽에 있는 작은 학교에서는 따로 학생들을 돌볼 봉사자를 뽑았다. 학교에서 돌봄을 요청하는 중·고학년생을 위해 유료로 봉사자를 뽑는 기회에 도전했다.

자기소개서를 앞에 두고 버츄프로젝트로 어떻게 아이를 양육하고 있는지를 빼곡히 적었다. 집에서 제 아이 키우듯 방과 후 학교에 남을 고학년 아이들을 돌보겠다는 것 외에 적을 말이 없었다. 나 외에도 여러 사람들이 자기의 정체를 적어놓은 봉투를 들고 순서가 되기를 기다리고 있었다. 학교에 나를 알려줄 이력을 갖고 면접 순서를 기다린 건 처음 있는 일이었다. 늦은 나이에 학교와 계약을 하기 위해 이력서와 자기소개서를 준비해서 면접을 본다는 것만으로 손에 땀이 나고 머리카락이 쭈뼛거렸다. 심한 긴장감이 몰려왔다. 순간, 집에서 나오기 전에 버츄카드에서 뽑은 '감사'의 첫 문장이 머릿속으로 떠올렸다.

'감사는 우리가 가진 것을 고맙게 생각하는 태도입니다. 내가 도서관 지원 사업으로 학교에서 하브루타로 독서회를 진행하고 있어서 감사합니다. 내가 버츄프로젝트를 알고 더 많은 아이에게 나누어주겠다는 '너그러움'을 실천하기 위해 이 자리에 있을 수 있어서 감사합니다. 나를 호감 있게 봐줄 면접관인 교감 선생님과 부장 선생님, 학부모 대표들의 마음에 감사합니다.' 마음이 포근하고 든든해졌다. 내가 뽑은 감사 카드는 감사할 일이 얼마든지 있다고 말해주고 있었다.

결과가 어떠하든 중요하지 않았다. 나는 이미 도전할 기회를 가졌다. 결혼 후 처음으로 제대로 된 이력서와 자기소개서를 첨부해서 낯선 학교 교무실 옆에 있는 교실에 앉아 있지 않은가? '이미 나는 감사를 넘치도록 찾을 수 있으니, 이것만으로도 감사한 거야.' 긴장되었지만 상냥한 미소와 친절한 말로 내 생각을 밝히고 학교를 나왔다. 와우, 결혼 20여 년 만에 내게 찾아온 멋진 날이었다.

긴장된 면접을 마치고 여러 날이 지났다. 방과 후 담당 선생님으로부터 연락이 왔다. 다행히 버츄프로젝트는 일선 학교에서 꽤 알려져 면접에 도움이 됐다. 학교 선생님들은 직무와 관련하여 공부를 많이 한다. 교사 직무연수 과정을 통해 버츄프로젝트가 알려져 있고, 직접 학교에서 학생들 인성교육에 적용하는 곳도 있었다. 학급에서 문제 행동을 보이는 학생들을 지도하고 학급의 정서적인 분위기를 높여주는 데에 큰 효과가 입증되었다. 10명에 가까운 사람이 면접에 응시했음에도, 경력 없던 내가 선택되는 데에는 버츄프로젝트가 크게 작용했다.

그렇게 나는 1주일에 3번 초등학교에 1년간 다닐 기회를 얻었다. 학교에서는 금전적인 지원을 해주셨다. 처음 방과 후 돌봄 봉사자를 뽑을 때 아이들 숙제를 봐주고 시간을 보내는 것 정도의 역할이었다. 그런데 내가 꺼냈던 버츄프로젝트는 단순한 돌봄 그 이상을 기대할 수 있는 동력이 되었다. 지원된 예산 덕분에 돌봄 수업에 필요한 배너와 버츄카드, 미덕 통장, 버츄 스티커, 미덕 조끼, 보석들 등 내가 만져보지 못했던 수업 도구들이 배송됐다.

학교 오고 가는 길도 즐거웠다. 작은 시골 학교라 학교 가는 길에 만나는 자연을 보는 것이 즐거웠다. 길 양옆으로 논두렁이 황금벌판으로 변한 도로를 지나간다. 오래된 학교는 낡았지만 구석구석 손길이 많이 닿아 나이를 무색하게 만든다. 학교의 오랜 나이는 그 외양의 정겨움을 보태줄 뿐 흉하지 않았다. 잘 가꾸어진 정원에는 작은 수의 아이들이 자신들을 태워갈 택시를 줄지어 기다리고 있었다. 돌봄 교사들이 나와서 아이들의 귀갓길을 지켜준다. 내 아이가 이 학교에 다닌다면, 손을 잡고 함께 다니고 싶은 학교였다. 그 정도로 예쁜 학교였다. 그리고 그 예쁜 학교에서 내가 아이들을 가르치게 되었다.

천사들과 만날 준비는 이미 끝났다.

5-2 아름다운 시작

3월 4일, 첫 수업은 찐한 경험이었다. 초등 4학년인데도 제자리에 5분도 못 앉아 있는 아이가 두 명이나 있었다. 시립도서관 사업 중에서 학교로 찾아가는 독서 활동을 한 적이 있다. 보통 담임 선생님이 안 계시더라도 수업의 연장이었기에 아이들은 당연히 수업이라는 생각했다. 버츄프로젝트와 함께했던 수업은 언제나 만족스러웠다. 하지만 방과 후 수업에서 만난 학생들의 모습은 이전 학생들과는 완전히 달랐다.

지금까지 돌봄 시간은 과제를 하거나, 간식을 먹고 쉬었다가 집에 가는 시간이었다. 나는 돌봄을 겸한 수업을 계획하고 아이들을 만났으니, 서로의 생각이 너무 달랐다. 수업이라고 하니 아이들에게 나는 마음에 들지 않는 선생님이었다. 돌봄 시간에 선생님과 노는 것도 싫고, 책과 노는 것은 더 싫다고 했다. 나는 아이들에게 경계해야 할 대상이었다.

종이 울렸는데도 교실에 들어오지 않는 4학년 학생이 있었다. 책상을 사이에 두고 한 친구는 책상 위로 올라가 두 아이가 마주 보고 이야기하는 친구들도 있었다. 준비해간 PPT를 열고 아이들에게 내 소개를 했다. 순간 자유로웠던 아이들의 표정에 '이건 뭐지?' 라는 듯한 눈빛들이 잠시 내게 닿았다가 사라졌다.

첫 수업을 위해 계획했던 미덕 활동들이 떠올랐다. 첫날이니 가볍게 인사하고 소개 활동으로 서로를 알아간다는 내용이다. 앞으로 수업이 어떻게 될까? 라는 예상 밖의 문제에 직면했다. 아이들에게 돌봄 시간은 편히 쉬었다가 학원 가는 것이었는데, 굳이 수업을 진행하는 게 옳은지 나 자신에게 질문을 던졌다. 아이들은 '수업' 하면 어느 순간 본능적으로 피해야 할 것처럼 싫어했다. 내가 가지고 간 수업은 배움이지만 보통의 아이들이 생각하고 있는 공부와는 다르다. 우리는 놀이를 통해서도 얼마든지 수업하고 배움을 얻는 존재이다. 한참을 생각하다가 결국 내가 하고 싶은 얘기를 해야겠다는 생각이 들었다. '내가 하고자 하는 수업이 무엇인지 아이들에게 들려주고, 아이들에게 선택권을 주자.'

나와 함께 하는 시간 동안 이 아이들도 분명히 감동의 순간이 있을 거라는 확신이 내겐 있었다. 버츄프로젝트를 통하여 심신 장애가 있는 아이와 훌륭한 배움과 감동을 경험한 선생님도 있다. 내 아이와 경험했던 즐거움은 나뿐만 아니라 아이도 즐거워했다. 나의 변화는 가정의 변화로 이어졌다. 자기 마음속에 있는 미덕을 꺼내는 놀이는 모두에게 통한다는 생각에 의심을 가진 적이 없었다. 이것을 다른 아이들과 나누기 위해 도전하지 않았던가? 지금은 어색해서 그렇지만 곧 아이들 마음속에 나를 들여놓을 수 있다는 믿음을 가졌다.

첫 시간은 버츄프로젝트라는 것으로 활동하고, '하브루타로 이야기 나누기' 수업을 한다고 소개했다. 다음은 자기소개하는 이름표를 만들고 이야기 나누는 시간으로 진행했다. 딱딱한 공부도 아니고 몸으로 움직이는 활동을 했는데 '아!' 소리가 절로 나왔다. 두 아이는 여전히 짧은 시간 앉아 있는 것을 힘들어했다. 마치 유치원 아이들처럼 느껴졌다. 그래도 귀는 열려 있다는 것을 알기에 계속 진행했다.

"애들아, 선생님은 '존중'이라는 단어를 가지고 여러분을 만났어요. 왜 존중일까요?"

"존중받고 싶다고요."

"그것보다 내가 먼저, 여러분을 존중한다는 마음을 알려주고 싶었어요. 여러분을 있는 그대로 귀하게 생각한다는 것을 말해주고 싶어요. 그리고 여러분이 괜찮다면, 여러분을 존중하는 나를 존중해 주면 좋겠어요."

곧 아이들의 시선이 모여졌다. 준비했던 PPT 자료를 보여주었다.

"모든 사람의 인성의 광산에는 모든 미덕의 보석이 박혀 있데요."

미덕의 보석이라는 말을 처음 접한 아이들은 이제 아이다운 호기심 어린 표정으로 변해있었다.

"우리 마음속의 성품을 인성이라고 하고, 인성에는 수많은 미덕이 있어요. 마치 광산에는 보석이 될 수 있는 원석들이 가득한 것처럼 말이죠. 미덕의 원석은 우리가 생각하고, 말하고, 행동하고, 보고, 느끼는 모든 순간에 깨어나요. 우리 마음속에 보석이라고 하면 어떤 것이 있을까요? 찾아볼까요?"

"눈에 안 보이는 거죠?"

"맞아요!"

"기분 좋은 거, 행복, 뿌듯함, 감사한 마음 같은 건가요?"

"맞아요. 우리가 느끼는 좋은 마음, 나를 위한 마음이나, 다른 사람을 위해주는 마음이 미덕입니다. 그 마음이 행동으로 나오는 것을 '미덕'을 빛내는 것이라고 해요. 미덕을 떠올리는 생각만으로도 미덕을 빛내는 것입니다. 아름다운 생각과 행동 하나하나를 미덕의 보석이라고 하지요. 우리는 모두 많은 미덕의 보석이 될 원석을 가득 품고 있는 미덕 광산이랍니다."

딱 여기까지도 집중이 안 되는 아이들이 있었다. 5분이 채 안 되는 시간이었다. PPT 이미지에 관한 관심은 떨어지고, 딴짓하기 시작했다. 교실에서 뛰어다니면서 친구들을 방해하고, 함께 어울리자고 건드리는 시영이에게 내가 원하는 것은 하나였다. 5분이라도 자리에 앉아 있기를 바랐다. 그게 안 된다면, 친구는 건드리지 않고, 수업에 방해가 되지 않게 조용히 있어 주기를 원했다.

내가 원하는 것을 아이들에게 지시하기보다 버츄프로젝트의 1 전략인 미덕의 언어로 말하라를 통해 아이들과 소통했다.

"여러분이 즐거워하는 모습을 보니, 교실 분위기도 밝아서 좋습니다. 언짢은 표정을 짓고 화를 내는 것보다는 선생님이 기뻐요. 그런데, 지금은 도서관에서 나의 돌봄을 받기로 한 시간이죠. 선생님은 하브루타와 버츄프로젝트라는 특별한 활동으로 여러분의 마음속 보석을 깨우겠다고 학교와 약속했어요. 여러분이 나의 이야기에 귀 기울여 주고 도와줘야 하는데, 가능하겠어요?"

"네!"

"내가 요청한 것을 지켜준다고 하니 고마워요. 약속을 지켜줄 모습을 생각하니, 벌써 믿음직하게 보여요."

"시영아, 수업 시간에는 자기 자리에 앉아 있는 인내가 필요한데, 인내의 미덕을 빛내어 주겠니?"

"네."

"수업 시간을 존중해 주겠다는 너의 말에 기쁘고, 감사해."

놀라웠다. 아이들에게 내 마음이 닿았다. 4학년 8명 모든 아이가 나의 말에 귀를 기울였다. '내 말을 들어줘. 조용히 해. 자리에 앉아라'라고 명령하거나 시킬 필요가 없었다. 아이들에게 자기들이 현재 어떤 행동을 하고 있는지 그대로 이야기해 주었고, 수업에 필요한 행동을 요청했다. 아이들은 지키겠다고 약속했다.

수업 중에 질문하고 싶은 말들을 서로 발표하겠다고 책상 위에 올라가고 난리가 아니었다. 차분하게 이야기를 들어주다가도 자기가 하고 싶은 것이 있으면 주목받고 싶어 온몸으로 신호를 보내는 아이들이다. 들떠 있는 감정을 차분하게 가라앉히기 위해, 필요한 것은 기다릴 수 있는 '인내'였다.

"모두 다 손을 들고 이야기하겠다고 해주니 고마워요. 그런데 먼저 손을 든 친구를 선생님이 봤어요. 그런데, 책상 위에 올라가고, 자리에서 일어나서 크게 '저요!'를 외칠 필요가 있을까요? 하고 싶은 말을 8명이 동시에 말하면, 모든 이야기를 다 알아들을 수 없어요. 여러분 모두의 생각은 다 소중하니 한 사람씩 말해준다면 다 들을 수 있어요."

아이들이 조용해진 틈을 타서 혼란스럽지 않게 발표할 방법을 설명했다.

"발표하고 싶은 사람은 오른손을 들고, 왼손 집게손가락을 입술에 갖다 대면, 손을 든 순서대로 이야기하기 어때요?"

아이들은 환영했고, 누구보다 적극적이었던 것은 잠시도 앉아있지 못하던 시영이었다.

아이들에게 돌봄 시간을 수업 시간으로 바꿀 수 있었던 것은 버츄프로젝트의 힘을 믿지 않았다면 가능했을까? 교실에서 날아다니다시피 하는 4학년 남학생들과 큰 소리 내지 않고 시간을 보낸다는 것은 과거의 나라면 불가능한 일이다. 버츄프로젝트를 믿고 보낸 첫날을 기념할 수 있는 것은 우리 아이들과 나의 마음속에 있는 미덕의 보석 덕분이었다. 힘들었지만 찬란했던 첫날은 내 생애 잊지 못할 기쁨과 감사의 페이지를 열어줄 서막이었다.

5-3 수업을 지켜주는 울타리

첫날, 아이들을 만나고 깨달은 점은 수업을 진행하기 위해서 지켜야 하는 규칙이 필요하다는 점이었다. 발표할 때는 "저요!"라고 외치며 책상 위에 올라갈 것이 아니라, 제자리에서 손을 들고 검지를 입술에 가져가는 것처럼 말이다. 또는 수업 중에 딴짓하고 싶다면, 친구들에게 방해가 되지 않도록 조용히 혼자서 교실 내 다른 장소를 찾는 것도 필요했다. 이럴 때 우리의 규칙을 '미덕의 울타리'라고 한다.

수업에 울타리를 치는 이유는 수업에는 학습 목표가 있고 아이들이 필요한 것을 얻어가는 시간으로 만들기 위해서이다. '미덕의 울타리'는 학생과 교사의 마음과 시간을 지켜준다. 효과적인 수업을 하기 위해서는 아이들의 마음 자세부터 정돈시켜야 한다. 함께 하는 시간에 누군가 한 사람으로 인해 방해받지 않고, 시간을 잘 활용할 권리를 지키는 것이다. 52가지 미덕 중에서 특별히 수업에 유용한 미덕을 아이들로부터 깨우고 시작한다. 수업 내내 자신들이 깨우기로 한 미덕을 잊지 않고 약속한 행동을 하는 것으로 미덕을 빛낼 수 있다.

나는 아이들과 다음과 같은 미덕의 울타리를 쳤다.

"지금은 도서관에서 미덕을 깨우는 수업을 받기로 한 시간입니다. 우리 마음속의 보석을 깨우겠다고 약속했었지요. 그러고자 하면 여러분이 선생님의 이야기에 귀 기울여 주고 도와줘야 해요. 그러면 우리가 모두 하고 싶은 이야기를 할 기회가 생기는데, 가능하겠어요?"

존중 : 나는 수업 시간에 선생님과 친구들의 이야기에 귀 기울인다.

예의 : 나는 하고 싶은 말이 있을 때 손을 들고 기다린다.

배려 : 수업에 참여하지 않을 때는 조용하게 할 일을 한다.

수업에는 '미덕의 울타리'가 필요하다는 것을 말해주고, 그것을 위해 실천할 것을 아이들과 찾아보았다. 아이들이 지키기로 한 약속에 연결되는 미덕을 찾았다. 약속을 잘 지켜주는 아이들에게 '존중', '예의', '배려'의 미덕을 빛내어 주어 기쁘고 감사하다는 마음을 수업이 끝날 때마다 전달해 주었다. 수업은 믿기 어려울 만큼 평화로웠다.

어느 조직이든 규칙, 규율 같은 규정이 존재한다. 국가에 헌법과 법이 있는 것처럼, 학교에는 학칙이 있다. 개인에게도 타인과의 관계에서 자기를 지켜줄 울타리가 필요하다. 울타리를 칠 때 필요한 것이 있다.

첫째 구체적으로 표현하기

'네가 하는 일에 책임감을 가져라.'라고 상대에게 요구한다면 책임감이라는 단어가 가진 의미가 구체적인 행동을 말하는 것은 아니다. 모든 일에 책임감이 따르기에 책임감이라는 단어는 큰 의미를 담고 있다. 대신에 책임감 있는 행동이 무엇인지 구체적으로 표현해야 한다. '네가 할 일은 스스로 해'와 같이 뭉뚱그려서 요구하게 되면, 말하는 사람이 무엇을 요구하는지 듣는 사람은 알아듣기 어렵다. 말할 때는 상대가 스스로 해야 할 일이 구체적으로 무엇인지 정확하게 알려주어야 한다.

가령, 학교 갔다 와서 숙제는 하지 않고 게임부터 먼저 하지 말고, 숙제부터 먼저 하기를 요청하고 싶다면, '학교 갔다 오면 숙제를 먼저하고 놀아라.'라고 말한다. 스스로도 '게임 시간을 줄이겠어.' 라고 말을 하기보다, ' 나는 하루에 1시간만 게임을 한다.' 라고 구체적이고 명확하게 말해야 한다.

둘째 긍정적으로 표현하기

'하라!' 는 말 앞에는 긍정적인 언어가 들어가고, 반대로 '하지 마라!' 는 말 앞에는 하기를 원하지 않는 그 행동의 단어가 들어간다. 하지 말 것을 말하면 그 행동을 말함으로 인해 원치 않는 행동을 유도하게 된다. 그래서 '하지 마라' 대신 ' 하자!' 의 표현을 사용해 긍정적 행동을 유도한다. 아래의 예시를 보자.

말을 할 때는 상대를 배려해서 말하자. (배려)

음식을 먹고 난 후에는 먹고 남은 것은 정돈하자. (정돈)

'하지 마라!' 의 아래의 예시를 보자.

집 안에서는 뛰지 마라. (뛰기)

위험한 짓은 하지 마라. (위험한 짓)

욕하지 마라. (욕)

셋째 현재형으로 말하기

'~했다', 혹은 '~할 것이다.' 와 같이 과거형이나 미래형이 아니라 현재형으로 표현한다.

넷째 미덕의 표지판을 세우기

나를 위해 필요한 행동을 만들었다면, 그것에 어울리는 미덕의 단어를 찾아서 표지판으로 만든다. 가령, '나는 과중한 업무와 육체적인 피로로 인해, 몸도 마음도 힘든 사실을 인정한다.'라고 나에 대한 울타리를 만들었다. 이때, 이 문장 속에 들어있는 미덕을 찾아본다. 힘든 것을 참고 괜찮다고 말하며 상대에게 눈치를 보고 있었고, 나 자신에게 솔직하지 못했다. 그 사실을 '정직'하게 인정하며, 표지판으로 '정직'을 세운다.

정직 : 나는 과중한 업무와 육체적인 피로로 인해, 몸도 마음도 힘든 사실을 인정한다.

과유불급이라고 했다. 행동을 수정하는데 많은 것을 한 번에 바꾸려고 하면 힘들다. 한 번에 4~5개는 넘지 않도록 요청한다.

'미덕의 울타리' 나와 상대를 지켜주는 힘

우리가 겪는 문제는 대부분 인간관계에서 만들어진다. 집안일을 나눠서 하지 않고 혼자서 해내고자 할 때의 고통도 관계가 만든 고통이다. 일 뿐만 아니라 상대가 하는 말이나 태도에서 상처받기도 한다. 서로 다른 사람이며, 말하지 않으면 상대가 무엇을 원하는지 어떤 상태인지 알지 못한다.

자기를 힘들게 하는 것이 있다면 상대에게 밝혀야 한다. 그래야 애꿎게 상대를 나쁜 사람으로 몰지 않고, 자신도 상처와 고통받지 않을 수 있다. 울타리를 세우는 것은 상대와 자신을 지키는 윤활유다. 지키기로 한 약속에 필요한 미덕의 이름을 붙이고, 잘 보이는 곳에 두고 잊지 않도록 하자.

사람의 마음이 고정된 것이 아닌 것처럼, 미덕의 울타리는 한 번 세우고 나면 끝까지 변하지 않는 것이 아니다. 언제든 필요하다면 수정하고 변경할 수 있다. 가족 간에도, 미덕의 울타리를 세워 볼 것을 제안한다.

5-4 모두 다 천사

아이들과 수업을 시작하고 한동안은 학교에 가는 길에 심호흡과 마음의 준비가 필요했다. 오늘은 어떤 일을 만나게 될까 기대와 불안이 함께 찾아왔다. 2주일쯤 지나자 내가 만나는 3, 4, 5, 6학년 모두 30여 명의 얼굴이 그려졌다. 3학년, 6명은 '이런 아이들이 있을까' 싶을 만큼 편안하게 해주는 아이들이다. 준비한 수업을 충분히 하고도 더 전해 주고 싶은 것을 찾아야 하는 고마운 천사들이었다. 8명의 다양한 악동 천사 4학년은 나의 마음을 쏙 빼놓는다. 5학년은 1주일에 1시간, 전체 합반에서나 볼 수 있었다. 친해지기까지 상당한 시간이 필요한 아이들이었다.

아이들을 만나고 셋째 주가 되는 월요일. '오늘은 어떤 일이 일어날까' 언제나처럼 각오와 기대하는 마음을 갖고 학교로 향했다. 아직 봄바람이라 해도 차가운 공기가 햇살을 뚫고 몸을 감싸는 냉기가 있는 날이었다. 길에서 책가방을 메고 하교하는 시영이를 만났다.

"시영아, 어디 가니"

"선생님, 수업 다 끝난 거 아닌가요"

"아니야, 지금 곧 시작인데, 집에 가고 싶어"

"아니에요. 양말 벗어놓고 갈게요!"

학교로부터 별다른 연락을 받은 적이 없는데, 혹시나 선생님께서 빠뜨리셨나 하는 마음에 급하게 교무실로 향했다. 내가 봐왔던 모습 그대로 친절한 이모 같은 교감 선생님과 편안한 선생님들의 모습을 뵙고서야, '아하!' 생각이 머리를 스쳤다. 이날 시영이의 동생은 수영 강습이 있어서 정규 수업이 끝나고 하교했다. 동생이 없는 허전함에 형도 가방을 둘러멘 것이다. 그러다 교문 밖에서 나와 마주친 것이다. 바로 오겠다고 하니, 얼마나 감사한 일인가, 시영이는 첫 수업 이후에도 여전히 제자리에 앉기가 쉽지 않아 나의 시선과 수업을 뺏는 아이였다.

교육 실습할 때 있었던 일이다. 학급에 문제 행동하는 아이들이 한 명씩 있었다. 그런데 교사들이 문제 행동하는 아이의 이름이 아니라 '그놈'이라는 단어를 사용하는 것을 들었다. 한 명이면 다행인데, 이런 아이들이 2, 3명 되니 교사들 모임에서

'그놈들'이라 부르며, 수업을 하지 못하게 만든 상황을 이야기하고 있었다. 문제 행동하는 학생 한 명이 아니라 모든 학생을 이끌고 가야 하는 선생님들의 처지가 안타까워 보였다. 문제 행동으로 인해 이름조차 불리지 않았던 그 아이도 안쓰럽기는 마찬가지였다.

버츄프로젝트를 통해 알게 된 것은, 문제 행동을 하는 아이가 더 큰 배움을 주고자 내게 온 선물이라는 것이다. 지금 교문을 나서던 시영이는 수업 전체를 자기의 기분에 따라 휩쓸어서 내 정신을 혼란에 빠뜨리기도 하는 아이였다. 내게는 둘도 없는 가장 큰 배움의 선물이 될 터였다.

출석부를 가지러 교무실로 향했다. 분에 넘치는 또 다른 선물이 있었다. 교무실 앞에 4학년 학생 두 명이 여름 해바라기 같은 모습으로 기다리고 있었다.

"선생님~, 보고 싶었어요."

아이들의 마중으로 내 심장은 기쁨과 감동으로 멈출 것만 같았다. 때로는 '오늘도 아이들이 마중을 나올까' 하는 기대도 했다. 그런 기대를 하는 내가 우습기도 했다. 내가 무얼 했다고, 집에만 가면 남편 붙잡고 힘들다고 투덜거렸다. 지난 2주간 아이들을 보면서 미덕 광산으로 보는 것이 내가 할 수 있는 최선이었다. '이 아이들은 미덕의 광산이야!'라며 나에게 주문을 걸기도 했다. 그게 안 될 때는 아이들의 미덕을 깨우기 위해 40분 수업에도 몇 번은 벌컥 올라오는 화를 멈추어야 했다. 어떤 날은 한숨이 나오기도 했다. 긴 호흡이 필요하고, 눈을 감고 숫자를 헤아리기도 했다. 아이들의 마음속에 있는 미덕을 깨우는 것에 나는 역부족이라 단정 짓기도 했다.

'내가 어떤 마음으로 학교에 왔던가' 세상에서 제일 힘든 게 제 아이 교육하는 것이라더니 그 말은 틀린 말이었다. 내 아이를 교육하는 것보다 다른 아이를 교육하는 것이 세상에서 제일 힘든 일이다. 내 아이는 이렇지 않다. 지난 수년을 아이에게 귀를 기울이며 서로에게 배웠던 시간이다. 목소리 높일 일이 없고, 잘못된 행동을 했을 때도 대화하면서 배움을 찾아낼 수 있는 아이였다. 내 아이는 내게 있어 최고의 스승이었다. 그런데 '너희들은 왜 안 되니' 라고 나에게 묻고 있었다. 맙소사, 내가 제정신이 아니었나 보다. 겨우 2주 만났다. 내 유전자를 물려받고 태어난 후 줄곧 함께 살아오면서 서로에게 맞춰져 있던 내 아이와 비교하고 있었다. 시작도, 존재도 다르다. 태어나서부터 나와 함께했던 아들이다. 잠결에도 버츄카드를 읽어 준 아들이었다. 자주 듣다 보니 익숙했다. 이 아이들에게 나는 자기들의 휴식 시간을 기꺼이 내어줘야 했던 이방인이었다. 내가 아이들의 공간과 시간을 침범해 놓고서 아이들을 탓하고 있었다.

성급했던 나의 마음, 그릇된 내 생각으로 나를 힘들게 했던 시간이 봄눈 녹듯이 사라졌다. 나를 깨우쳐 준 아이들, 이 아이들은 내게 최고의 스승이었다. 나를 힘들게 하지 않고, 더 쉽게 수업을 할 수 있는 아이들, 뭐든 알려주면 그 이상을 돌려주는 아이들을 천사라 불렀다. 사실 아이들은 모두 다 천사다. 아이들은 최고의 스승이다.

"너희를 존중하는 것은, 내가 존중받고 싶은 마음도 포함되어 있어. 나를 존중해 주겠니" 무거운 마음을 가득 담아 호소했던 시간이 주마등처럼 지나갔다. 물론 앞으로도 나를 존중해 달라는 말은 계속하겠지만 내 목소리의 온도가 달라졌다.

5-5 시간이 필요해

“선생님! 5학년 오빠들에게도 미덕을 가르쳐주면 좋겠어요!”

4월에 유진이가 또랑또랑한 목소리로 요청했다. 아이들이 버츄프로젝트 활동과 버츄카드와 그림책을 통한 토론 수업에 흥미를 느꼈다. 나에 대한 호감은 첫 만남 이후 셋째 주부터 시작된 4학년생들의 계속되는 마중으로 표현해 주었다. 처음 두 명에서 시작된 것이 곧 4월이 되자 4명의 아이로 늘어났다. 교무실 창문에 4명의 똘망똘망 한 아이들의 얼굴이 대기하고 있었다.

“선생님, 보고 싶었어요.”라고 나직하게 말하며 교무실 창으로 얼굴을 비추며 대롱대롱 매달려 있었다. 때로는 교무실 복도에서 기다리다 마음 급한 날은 교문 앞까지 마중 나오는 날도 있었다. 아이들을 보고 싶은 마음과 기대, 설렘으로 일상이 채워졌다. 나는 아이들에게 특별 대접을 받으며 학교에 차츰 익숙해져 가고, 아이들은 미덕 활동에 빠져들었다.

책을 읽고, 질문을 만들어 토론하면서 아이들은 토론 수업에 익숙해져 갔다. 미덕과 토론의 즐거움을 찾아가는 과정에 하브루타를 접목하기로 했다. 지금까지는 아이들 전체라 해도 소수 인원이라 전체나 소그룹으로 수업을 운영했다. 그랬던 것을 아이들이 더 많은 이야기를 하게 하려고 하브루타식으로 수업을 바꿔보았다. 하브루타는 짝과 함께 자기의 질문으로 토론하면서 답을 찾아가는 유대인의 교육 방법이다.

밤이면 살아 움직이는 다양한 장승의 이야기를 다룬 손정원 글, 유애로 그림의 『으악, 도깨비다!』를 통해 아이들이 찾아낼 질문과 답을 나누는 수업을 준비했다. 그동안 토론에 익숙해질 만큼 충분히 시간을 가졌다. 나는 아이들이 꺼낼 질문을 기대하고 수업을 시작했다. 그런데, 하브루타를 하기 위해 둘씩 짝을 지어야 했는데, 아이들이 거부하는 친구가 있었다. 4학년 7명이 한 아이를 두고 피하는 것이었다.

아이들을 토닥여 준비한 수업을 진행해도, 마음이 닫힌 수업은 즐겁지 않았다. 태신이는 또래 중에서 비교적 키가 크고, 몸집도 큰 아이였다. 늘 밝은 표정으로 내게 먼저 다가와 관심을 보이던 아이였다. 하지만 아이들이 태신이를 대하는 모습은 달랐다. 태신이가 아이들에게 친절하게 해도 아이들은 받아주지 않았다. 오히려 그럴수록 아이들이 더 싫어했다.

아이들 속에 태신이를 둘러싼 싸늘한 냉대는 계속되었다. 문제의 원인을 찾아야 했다. 태신이를 둘러싼 냉대는 교실에서 자기들끼리의 문제를 담임 선생님께 이르면서 시작되었다. 태신이는 흔히 얘기하는 '고자질쟁이'였다. 하브루타 수업을 계속하기 어려웠다. 학생 모두 마음의 상처가 깊어지고 있었다. 내가 바뀌어서 될 문제가 아니었다. 선생님 말씀으로는 그 아이가 학교 다니는 것이 힘들어 "전학 가고 싶다"라고 말했다고 한다. 그런데 학교에 같이 다니고 있는 동생이 있어서 전학은 곤란하다는 게 가족의 설명이었다. 이러지도 저러지도 못하는 상황에 아이는 힘겨운 학교생활을 견디고 있었다.

8명밖에 안 되는 작은 학교에서 4년을 함께 보내고 있는 친구들이다. 아니 이 아이들은 학교 내 병설 유치원에서부터 함께였다. 6년 이상을 같이 했던 친구들이다. 태신이가 겪는 마음의 아픔을 상상하니 내 마음도 아팠다. 반 친구들은 태신이의 습관처럼 몸에 붙어버린 고자질 때문에 선생님께 야단을 들어야 했다. 반 친구들의 마음 역시 헤아릴 수 있는 지점이었다. 친구가 선생님께 일러바쳐 야단을 들어야 했다면 그 친구를 좋아할 수 있을까?

태신이가 먼저 변해야 했다.

"잘못된 행동을 발견하고 정직하게 말해주어서 고마워. 너는 정직한 친구구나. 그런데, 친구의 잘못된 행동을 친구에게 직접 말해주었니? 선생님을 통해 야단 들어야 한다면 친구 마음은 어떨까? 앞으로는 친구의 잘못된 행동을 담임 선생님이나 나에게 전해 주기보다 먼저 친구에게 직접 말해보겠니?"

"네, 선생님."

"선생님의 말씀을 잘 이해해 주고받아 줘서 고맙구나."

태신이와 대화했지만 오랜 시간 묵혀온 갈등은 쉽게 뿌리 뽑히지 않았다. 태신이가 태도를 바꾸고 친구들과 관계가 회복되기까지 시간을 두고 변화를 기다려야 했다. 그런데, 3, 4학년 합반으로 수업하면서 4학년뿐만 아니라 그 분위기를 익힌 3학년 동생들까지 태신이를 피하고 있었다.

"선생님, 동생들도 친구들도 아무도 저랑 짝을 안 하려고 해요."

꼭 안고 위로해 주고 싶지만 그럴 수 없어서 어찌할 바를 모르겠다. 아이 눈에 맺힌 눈물과 슬픔이 내 탓인 것 같았다.

하브루타 토론 수업은 포기해야 했다. 4학년과 짝 토론에서 상처받고, 3학년과도 문제가 발생했으니 더는 이어갈 수 없었다. 내가 할 수 있는 다른 일이 보이지 않았다. 짝으로 진행하는 독서 토론은 멈추었다. 마음이 너무 아팠다.

5-6 치유의 재판

야심 차게 준비했던 하브루타 수업을 멈췄다. 미세한 냉전 속에서 미덕 놀이와 버츄카드를 활용해서 대화하는 시간을 늘렸다. 미덕 빙고 게임, 협동의 술래잡기, 역할극, 연극 공연, 운동장 정자에서 텍스트 읽고 토론하기와 같이 아이들이 좋아하는 놀이와 장소, 활동으로 수업을 이어갔다. 그 와중에 아이들의 미묘한 갈등도 있었다. 나는 해결 방법을 찾지 못한 채 전전긍긍하며 시간을 보내고 있었다.

5월은 어린이날, 어버이날에 이어 스승의 날까지 행사가 많다. 학교에서 만나는 아이들도 어린이날에 받을 선물로 마음이 들떠 있었다. 5월 첫 수업으로 'UN 아동 권리 협약'이 만들어진 계기가 된 폴란드 출신 유대인 야누슈 코르착에 관한 이야기를 준비했다. 의사이자 작가, 교육자, 철학자였던 코르착은, 세계대전의 후유증으로 길거리에 떠도는 고아들과 어린이들을 돌보는 데에 헌신했던 인물이다. 2차 세계대전 당시 나치가 유대인 주거 지역을 소탕하기 시작했을 때, 제안받은 탈출을 거절하고 수백 명의 유대인 고아와 트레블랑카의 가스실로 가는 기차에 올랐다. 야누슈 코르착의 동영상과 고아원의 이야기를 담아 놓은 이보나 흐미엘레프스카의 『블룸카의 일기』를 통해 아동의 인권과 생명의 존중에 대한 의미를 일깨우기 위해 준비를 했다.

감동적인 야뉴슈 코르착의 동영상 시청 수업이 끝나고 『블룸카의 일기』를 진행하던 과정에서 일이 시작되었다. 4학년 8명 중에서 3명이 행사가 있어서 빠지고 다섯 명이 수업에 참여하기로 했다. 다섯 아이가 들어오는 데 분위기가 싸늘했다. 거칠게 숨을 몰아쉬며 들어오던 태신이와 뒤따르던 성민이 사이에 불안한 기운이 흘렀다. 알고 보니 태신이가 성민이의 '미덕 통장' 을 던졌다. 평소 친구들 사이에서 소외된 감정을 가지고 있던 태신이가 폭발했다. 화가 난 아이가 평소 버츄프로젝트 수업 시간마다 갖고 다니던 친구의 '미덕 통장' 을 던져버린 것이다.

버츄프로젝트의 미덕 통장은 미덕을 쌓아가는 통장이다. 매일 아이들이 발견하는 미덕을 통장에 쌓는다. 날짜, 미덕 단어와 발견한 구체적인 행동이나, 미덕의 보석 책받침에서 찾은 미덕 단어의 의미를 찾아서 적는 통장이다. 하루에 한 번이라도 아이들이 미덕을 생각하는 시간을 갖고 미덕을 깨우기 위해 학교에서 나누어준 것이다. 아이마다 자기의 미덕 통장을 간직하고 있다가, 나와 만나는 시간에 보여주며 미덕 이야기를 나눈다. 쓰고 싶은 날은 통장에 미덕과 이유를 적고, 잊을 때는 친구들이 빛낸 미덕을 듣고 축하해 주며 박수 쳐 준다. 아이들에게는 소중한 물건이었다.

친구의 물건을 던졌으니 잘못된 행동이었다. 말하지 않아도 이 아이는 이미 잘못했다는 것을 알고 있다. 알고 있다는 것과 속상한 마음이 얼굴에 드러났다. 이대로 두 친구가 화해하고 끝낼 수도 있다. 하지만 임시방편일 뿐이다. 근본적인 원인을 해결하지 않으면, 아이들의 골이 점차 깊어질 뿐이다. 잘 이용하면, 새로운 전환점을 가져오는 도화선이 될 것 같았다. 『블룸카의 일기』에는 어린이 법정을 통해 공정함을 깨우치는 부분이 있다. 이 아이의 행동에 대해 미덕과 함께 풀어나갈 뭔가 특별한 사례가 필요했다.

내게 떠오른 것은 아프리카 '바벰바 부족' 이야기다. 이 부족 내에서는 범죄가 거의 일어나지 않는다고 한다. 그 이유를 연구해 보니, 죄지은 사람을 마을 중앙에 세우고, 마을의 부족민들이 모두 하던 일을 멈추고, 그 사람을 중심으로 원을 그려 둘러선다. 그리고 그 사람이 이전에 했었던 좋은 행동, 장점, 감사했던 점을 꺼내어 말해준다. 잘못에 대해서는 한마디도 하지 않고, 그가 했던 선행만 말한다. 잘못을 저지른 사람은 진심으로 눈물을 흘리며 잘못을 뉘우친다. 마을 사람들은 한 사람씩 돌아가며 그 사람을 안아주고, 하루 동안 축제를 통해 새로운 사람이 되었음을 축하해 준다. 부족 내에서 잘못을 저지른 사람에 대한 처벌이었다. 판사나 검사가 없어도 범죄가 거의 일어나지 않는 바벰바 부족의 이야기가 필요했다.

마침, 버츄 활동으로 사용할 수 있는 미덕 조끼가 사물함 속에 있었다. 학교나 워크숍 등에서 활동할 때, 주인공을 선택하여 미덕 조끼를 활용한다. 한 사람을 미덕의 주인공으로 정해지면 그에게 미덕 조끼를 입힌다, 다른 사람들은 그 사람이 빛낸 미덕과 행동을 적고 조끼에 붙여주는 활동이다. 야누슈 코르착의 어린이 법정과, 바벰바 부족의 칭찬 벌, 미덕 조끼를 묶었다.

"얘들아, 태신이는 미덕 조끼를 입고 앞에 나와 있을 거야."

"너희들은 지금까지 태신이와 있었던 시간 동안, 태신이의 행동을 떠올려 보자. 친구의 행동에 미덕을 찾는 거야. 그 행동과 미덕을 포스트잇에 적고, 태신이 조끼에 붙이고, 읽어주면 돼. 친구의 행동에서 감사한 것이 있으면 '고맙다'라는 말을 해도 돼."

아이들은 태신이가 사과하거나 다른 활동을 기대했다가, 예상과 다른 주문에 모두 당황했다. 어떤 아이는 "친구들을 위해 해준 것이 하나도 없어요.", "축구에서 자살골을 넣어줘서 우리 팀이 이겼어요."라고 말하기도 했다. 답답한 시간이 느리게 지나갔다. 조끼를 입은 태신이의 붉게 상기된 얼굴이 안쓰러웠다. 그렇게 2분쯤 지나갔을까, 한 아이가 포스트 잇을 들고 앞으로 나왔다. 곧이어 학생들이 한 명씩 포스트잇을 적어서 앞으로 나왔다. 그리고 자기가 적은 글을 읽고 "태신아, 고마워"라는 말을 하고 제자리로 들어갔다. 할 말이 더 있다며 포스트잇을 더 달라고 했다. 4명의 친구가 태신이에게 찾아준 미덕의 행동이다.

'넘어졌는데 도와줬다. 배려'

'나에게 맨날 인사해 주었다. 상냥함'

'쓰레기를 버리는 걸 도와주었다. 기뻐함.'

'모르는 걸 알게 해준다. 감사.'

'선생님 말씀을 잘 듣는다. 겸손.'

'하지 말라고 하니까 안 한다. 확신.'

'학교에서 잘 때 무서웠는데 날 도와줬다. 그리고 차 문도 열어줬다. 감사.'

'내가 박스 들 때 대신 들어줬다. 도와준 적이 많다. 감사.'

'키자니아에서 길을 잃었는데 도와줬다. 감사.'

'옛날에 목욕탕에 갔을 때 많이 놀았다. 감사.'

'통장을 던지면 친구들이 기분이 나쁘잖아! 그래서 안 던지고 그냥 주면 좋을 것 같아, 힘내, 용기, 도움, 확신, 인정, 충직, 초연, 도와줘서 고마워.'

뽀얀 얼굴이 눈물로 붉게 상기되었던 표정을 잊을 수가 없다. 이 모습을 보면서 태신이의 이전 말과 행동이 떠올랐다.

"선생님, 친구들이 나를 놀려요."

"같이 놀고 싶은데, 놀이에 끼워주지 않아요."

"짝 토론하고 싶은데 아무도 같이해주지 않아요."

침울하게 때로는 슬프게 내게 하소연하던 아이다. 친구의 물건을 던진 것은 잘못이지만 아이가 잘못된 것은 아니다. 6년 이상의 긴 시간을 함께하며 서로에게 소원하고 야속한 감정도 있다. 하지만, 아이들이 찾아낸 시간 속의 경험은 야속함, 서운함보다 훨씬 커다란 미덕의 보석이 빛나고 있었음을 알게 되었다고 믿는다.

이후, 모든 것이 바로 좋아진 건 아니다. 하지만 아이들이 많이 달라졌다. 예전보다 가까워지려는 아이들이 보였다. 그리고, 시영이가 제안한 '경찰과 도둑'이라는 놀이에서 시영이가 리더가 되어, 3, 4, 5학년 전체 25명을 이끌어 간 날이었다. 수고했다고 미덕의 조끼를 다시 사용할 기회를 만들었다. 조끼를 입자고 하니, 어색해하며 뒤로 빼던 시영이에게 태신이가 말했다.

"시영아, 너도 조끼 입으면 뿌듯함을 느낄 거야! 입어 봐."

미덕 조끼는 관계를 회복시키는 마법 조끼였다.

5-7 안녕, 나의 보석들

태신이가 미덕의 조끼를 입은 후, 4학년에서 시작되어 3학년까지도 태신이를 대하는 태도가 조금씩 변했다. 그리고, 태신이의 표정도 밝아졌다. 아이들이 놀린다는 말을 더는 하지 않았다. 그런데도 아직 서먹한 기운은 아이들 꼬리에 달려 있었다. 조금씩 옅어지리라고 생각하며 회복되어 가는 아이들의 모습에 만족했다. 아이들에게 감사했다.

여름이 본격적으로 시작되었다. 벚꽃이 떨어진 지도 한참 되고, 학교 교정의 푸르름이 짙어졌다, 6월이 끝날 무렵 아이들은 많이 안정되었다. 그동안, 포기했던 하브루타식 수업을 조금씩 열었다. 아이들은 짝을 찾아 어깨를 맞대고 질문과 대화를 하며 놀았다. 서로에게 미덕을 찾아주고 웃었다.

그 와중에 5학년 아이들이 유일하게 동참하는 주 1회 돌봄 시간은 3, 4, 5학년 합반으로 보내는 시간이다. 5학년은 내가 준비한 수업에 3, 4학년들과 함께 참여하거나, 따로 개인적인 시간을 보내고 있었다. 3, 4학년들과 달리 5학년은 성적과 숙제, 공부에 대한 고민이 깊었다. 아이들은 제각각 각자의 자리에서 문제를 찾아내어, 혹은 문제를 만들어 고민하고 힘들어하고 있었다. 아이들의 고민을 다 같이 풀어보기 위해 수업을 만들었다.

"오늘은 우리가 가진 문제들을 찾고, 해결할 방법을 알아 볼 거예요."

A4 용지에 아이들의 문제를 적은 후에 비행기로 접어서 교탁을 향해 날리는 것이다. 물론 이름은 적지 않는다. 가장 멀리 날아간 비행기부터 순서대로 읽고 함께 해답을 찾아보는 시간이었다. 평소 참여하지 않던 5학년들까지 모두 참여하여 다양한 고민을 함께 나눌 수 있었다.

이에 착안하여 고민과 해결할 미덕을 함께 나누기 위해 새로운 방법을 적용했다. 먼저 A4 용지와 종이컵을 준비했다. 종이컵에 아이들이 해결하고 싶은 문제를 적었다. 영어, 수학과 같은 교과 학습과 성적, 진로, 친구, 외모, 동생 문제 등 25명의 아이는 다양한 문제로 고민하고 있었다. 짝과 자기의 문제를 이야기하고 공감하면서 서로의 문제 해결책을 찾아서 대화했다.

문제를 해결하는 데 필요한 행동을 알아보기 위해 버츄카드를 뽑았다. 아이들이 뽑은 미덕과 그에 어울리는 행동이 무엇인지도 찾아서 A4 용지에 크게 적은 후 비행기로 접었다. 준비된 '문제 종이컵'을 탑으로 쌓아서 한 사람씩 비행기를 날려 종이컵을 쓰러뜨리는 활동이었다. 평소 학원 숙제하던 아이들도 참여하여 모든 아이가 즐겼다.

그런데, 활동에서 뜻밖의 사실을 알았다. 태신이는 힘이 세다. 비행기가 날아가는 속도가 남달랐다. 게다가 비행기가 날아가는 방향이 목표물에 가까웠다. 한 사람씩 돌아가며 날려보고, 무너진 종이컵을 다시 탑으로 세워 무너뜨리기를 계속했다. 수업하는 1시간 동안 아이들은 환호를 지르며 흥겨워했다. 컵이 쓰러지는 모습과 누구의 비행기가 컵을 무너뜨리는가에 관해 이야기하며 아이들은 즐거워했다.

3, 4학년 수업에서 아이들은 미덕의 비행기 수업을 다시 하고 싶다고 했다. 여전히 태신이는 아이들 속에 깊이 들어가 있지 않은 상황에서, 아이들이 태신이를 찾게 할 방법이 떠올랐다. 팀 대항이다. 3, 4학년 전체가 14명이니 2팀으로 만들면 된다.

"애들아, 오늘은 우리가 없애고 싶은 나쁜 생각, 말, 행동을 미덕 비행기로 날려버리는 활동으로 해 볼까? 대신, 혼자서 하는 게 아니라 팀 대항으로 하자."

컵의 개수를 충분히 제공하여 아이들이 없애고 싶은 행동의 목록을 모두 적었다. 컵으로 탑을 쌓았다. 상대 팀의 컵을 많이 쓰러트리는 팀이 승리하는 것이다. 아이들은 팀 대항을 대환영했다. 아이들은 갈수록 새로운 재미를 느끼며 즐겼다. 태신이가 미덕 비행기 날리기에서 보여주는 명중률 덕분에, 팀 대항으로 했을 때 태신이는 서로 모시고 가야 할 귀한 친구가 되었다. 아이들의 환한 미소 속에 1학기가 종료되고 곧 여름 방학에 들어갔다. 2학기가 되어서 돌봄 수업은 내가 처음 시작할 때 예상했던 수준으로 안정되어 있었다.

찬란했던 2019년 아이들은 얼마나 많은 성장을 했을까. 나만큼 성장했을까? 나만큼 경이롭고 행복한 기분을 느껴보았을까?

2019년 겨울 방학에 마지막으로 수업했던 그림책을 찾을 수가 없었다. 방과 후 수업을 담당했던 선생님께 전화해서 찾아줄 수 있을지 물어보려고 통화를 했다. 이야기 끝에 깊은 감동이 있는 선물 같은 얘기를 해 주셨다.

"선생님, 태신이가 5학년이 되면서 학교 부회장 선거에 출마했어요."

해맑은 아이들의 모습. 언제나 진지하고 진실했던 아이들이었다. 지금 다시 돌이켜봐도 아이들과 함께했던 1년이 생생하다. 모든 미덕의 보석을 다 품고 있었던 아이들이 성장하는 과정에서 삐걱거리는 감정을 맛보아야 했다. 내게 모든 사람은 다 옳다는 것을 아이들이 제대로 가르쳐 주었다. 혼자 지레짐작 판단하고, 그 생각으로 재단을 한 경우가 얼마나 많았던가? 아이들은 사람에게 선을 긋는 것이 옳지 않음을 가르쳐준 고마운 스승이다. 함께 했던 상황과 감정들은 아이들을 배움의 순간으로 인도했고, 배움만큼 성장하는 모습을 지켜볼 수 있었다. 그 과정의 한 가운데 있었던 나는 행운이었다.

내가 만나보았던 그 어떤 아이들보다 최고로 훌륭했던 나의 스승님들, 다시 한번, 사랑해!

에필로그

질문이 한쪽 날개를 달아주었다. 세상을 바라보는 방법을, 살아가는 길을 열어주었다. 지금 내 모습을 들여다볼 수 있게 만들었다. 한편, 작고, 나약하고 부족한 나를, 내 부끄러움을 내 안에서 씻어내는 데 힘을 준 버츄프로젝트가 있었다. 타인이나 세상이 아니라 내 안에 모든 답이 있었다. 내 안의 미덕이 있다는 사실을 알고 내 삶도 날 수 있게 만들었다.

나는 이미 완전하며 부족함이 없는 그대로 온전하다는 것을 알게 해주었다. 과거 철없고 나밖에 모른다고 생각했던 모습조차 부족한 것이 아니라 아름다운 존재라는 것을 깨닫게 해 준 친구는 말했다.

"나는 그때 네가 더 좋았어. 자유롭고, 자신에게 집중된 모습들이 좋았어. 그런 네가 부러웠어"

2021년 끝자락에 내가 했던 말 중에 기억에 남는 말은 "여보, 미안해!"였다.

잘못했을 때, 당연히 해야 하는 용서의 말을 남편에게는 참 안 하고 살았다. 그게 남편이 말했던 당신이 하는 말만 옳다고 했던 그 부분이었던 것 같다. '나는 옳고, 당신은 틀렸어!' 이 생각은 나를 괴롭히고, 남편을 핍박하게 했다.

"남편, 사랑하지만 좋아하지는 않아요. 우리는 너무 다르거든요."라고 했던 말을 이제는 바꿨다. "나와는 너무나 다른 남편이 있어서 감사하고 성장할 수 있었어요." 수천 가지 좋은 점을 버리고 한 가지 꼬투리에 붙잡혀 있던 나는 옹졸한 사람이었다. 나는 얼마나 행복한 사람인지, 그런 남편에게 감사하다. 나와 다른 그 모습 덕분에 내가 바뀌었다. 20년 가까이 다른 점을 투덜대고 바꿔 달라고 요구하고, 화내던 모습이 지난 내 모습이었는데, 지금은 나와는 다른 점을 가진 남편에게 최고로 감사하다.

밖에서 들어오는 아들이 억울하다며 친구와 있었던 일을 토로한다. 듣다 보면 세상에서 가장 나쁜 친구를 둔 세상에서 가장 좋은 아이 이야기 같다. 아들이 들려주는 이야기만 듣고 보면 기가 찰 정도다. 그런데 잘 듣고 보면 아이의 말에서 오류를 찾을 수 있다. 둘은 친구다. 같이 놀다 맞장구도 치고, 신경전도 벌인다. 손뼉은 마주쳐야 소리가 나듯, 내 아이는 그냥 당하는 아이가 아니라, 같이 소리를 내는 아이다. 그런데, 왜 친구 험담은 하고, 자기 이야기는 빼는 걸까 타인에게 엄격하고 자기에게는 관대한 게 아닐까

더군다나 아이에게 부모는 절대적인 존재다. 부모에 대한 절대적인 의존, 사랑, 세상에 태어나서 만나는 부모는 아이의 첫사랑이다. 모든 인간이 그렇지 않을까 자기를 지키기 위해 의존할 수밖에 없는 존재에 무한한 사랑을 준다. 그 사랑은 자기애, 자기 사랑에서 출발한다. 나 스스로 관대했던 내 모습을 이제는 타인에게 돌려줄 수 있게 되었다.

애덤 스미스는 도덕 감정론에서 "모든 사람은 분명히, 모든 측면에서, 타인보다는 자기 자신을 돌보는데 더 적합하고 더욱 유능하다. 모든 사람은 자신의 기쁨이나 고통에 대하여 다른 사람들의 그것보다 더욱 예민하게 느낀다. 전자는 일종의 원시적인 감각이지만, 후자는 원시적인 감각이 반사된, 또는 동감에서 나오는 이미지이다. 전자는 실체이고 후자는 그림자라 할 수도 있다."라고 말한다. 내가 먼저다. 그러나 타인의 감정을 돌아보는 것 역시 중요하다. 오롯이 나의 행복과 이익을 위해서라도 타인의 행복을 빌어줘야 한다.

우리 삶의 가치를 높이고자 하는 목적에는 행복이 있다. 독일의 요한 볼프강 폰 괴테가 쓴 『젊은 베르테르의 슬픔』을 읽은 젊은 남성들이 주인공과 같은 방식으로 자살을 많이 했다는 기록이 있다. 내가 느끼는 감정과 행동은 나로 끝나지 않는다. 가까이 내 곁에 있는 사람은 물론이고 세상천지에 나와 일면식조차 없는 사람에게도 전달된다. 전염성이 있음을 말해주는 책이 있다. 하버드대학교에서 의학과 과학으로 인간관계의 비밀을 증명한 연구를 펴낸 니컬러스 크리스태키스, 제임스 파울러 저자의 『행복은 전염된다』에는 슬픔뿐만 아니라 행복의 전달을 구체적으로 알려준다. 내가 행복하면 내 가족의 행복이 15% 올라간다. 나의 행복이 내 아이의 친구가 행복해지는데 10% 이바지한다. 그리고 내 행복이 내가 만난 적도 없는 내 아이의 친구의 부모님까지 행복해지는데 6% 이바지한다고 연구되었다. 행복도 불행도 전염되는 방향은 바퀏살처럼 직선 형태로 뻗어나가는 것이 아니라 접시에 가득 담긴 스파게티 면발처럼 얽히고설킨 경로를 따라 퍼져나간다.

내가 느끼는 감정과 생각 행동에서 끝날 것 같지만, 우리는 모두 하나로 연결되어 있다. 타인에게서 오롯이 벗어나지 않는다. 그래서 자신의 감정에는 책임이 따른다. 나는 행복해야 할 책임이 있고 그 행복을 타인에게 전염시켜야 한다.

나의 불행과 행복을 타인이 가져다주었다는 인식에 완전히 이르지 못했지만, 이론적으로는 충분히 가능하다는 것을 안다. 그러니 누군가 행복해하고 있다면, 내 일처럼 기뻐하고 감사한다. 또한, 누군가 슬픔에 빠져있다면 그것이 곧 내 일이 될 것처럼 아픔을 공감한다. 타인의 기쁨과 슬픔에 함께 있어 줄 수 있다. 버츄프로젝트가 가르쳐 준 작은 배움이다.

버츄프로젝트는 변화할 수 있다는 신념을 갖게 해주었다. '버츄카드'는 내 삶의 길잡이다. 내 아이가 다른 친구보다 공부를 안 해도, 못해도 걱정하지 않게 해줬다. 나를 믿듯이 아이를 믿기 때문이다. 나를 그리고 내 아이를 타인과 비교하지 않게 되었다.

타인의 행복을 위해 기도하는 사람이 되고자 한다. 모르는 사람들에게 기쁨을 전염시키는 사람이 되고자 한다. 애덤 스미스의 말처럼, 순전히 내 이기심 때문이라 할지라도 내가 먼저 행복해질 것이다. 그렇게 나는 행복 바이러스를 옮기는 사람이 될 것이다.

2022년 12월 어느 저녁에

부록

버츄를 전파하는 사람들

미덕, 선물이 되다 - 권혜숙

2017년 당시 육아맘 사이에서는 칭찬스티커가 한창 유행했었다. 칭찬스티커를 통해 예절을 가르치는 교육 방법이다. 아이의 좋은 인성을 만든다고 생각했지만, 지나고 나서 보면 좋은 인성으로 만들어주는 예절교육이라는 이름으로 미션과 보상을 받는 게임에 지나지 않았나? 하는 생각이 든다.

지속적인 성장이 되는 인성교육을 하기 위해서는 보상을 받기 위한 미션 수행이 아닌, 스스로 느낄 방법이어야 한다는 생각이 들었다. 그렇게 바른 교육을 고민하던 중, 버츄프로젝트를 만났다. 52가지의 잠자는 미덕을 깨워 보석이 되는 과정이 내가 찾던 교육 방법과 너무도 닮아 있었다. 갈고 닦으며 계속 사용하면, 원석이 보석이 된다는 말이 너무도 와닿았다. 바른 교육에 목말라하던 나에게는 한 줄기 빛과 같았다. 그때부터 아이들 마음속 미덕의 보석을 깨워주고 갈고 닦게 해야겠다고 결심했다.

버츄프로젝트에 참가해 여러 방법을 배우며, 쉽게 가족과 함께할 수 있을 것 같았다. 이쁜 꽃 모양의 '미덕 판'을 가족 수대로 사서 거실 벽에 붙였다. 아이들에게 52가지 미덕 원석으로 보여주며 이야기를 나눴다.

"이렇게 많은 보석이 희연이, 하영이 마음속에 있데. 그런데 말이야. 이 보석들이 아직 자고 있다네? 어떻게 하면 깨울 수 있을까?"

"일어나! 큰 소리로 말해야지."

"맞아. 그렇게 보석에게 말하면 돼."

일주일에 한 번, 아이들이 단어들을 하나씩 뽑아 단어를 크게 말하면, 내가 카드를 읽어 주는 것부터 시작했다. 가족 모두 하나씩 뽑은 미덕의 단어를 꽃 모양의 판에 붙이고 소리내어 읽었다. 그 주에는 내가 뽑은 '미덕'과 관련된 행동을 했고, 서로 미덕이 빛낸 행동을 알려 주었다. 자연스럽게 아이들을 칭찬할 일이 많아졌고, 아이들의 행동도 변하고 있었다. 그런데 하다 보니 조금씩 욕심이 생겼다. 잘하고 싶은 마음과 아이들에게 조금이라도 더 주고 싶은 마음이 강요와 평가로 변질되고 있었다. 한참이 지나 버츄프로젝트를 잘못 사용하고 있다는 걸 깨달았고 잠시 멈추었다. 마음을 다잡고 초연의 미덕을 깨워야 했다.

사랑하는 아이들의 예쁜 모습을 관찰하기 시작했다. 그러자 내가 놓치고 있던 작은 미덕의 원석들이 보이기 시작했다. 아이가 유치원에 다녀오면 어떤 미덕을 꺼냈는지 물었다.

"오늘은 유치원에서 어떤 미덕을 빛냈어?"
"응. 오늘 친구한테 풀을 빌려줬어."
"도움의 보석을 빛냈구나."

그 뒤로 아이는 유치원에서 오면 유치원에서 있었던 일들을 이야기했다. 즐겁게 오늘 일을 얘기하는 아이의 눈은 빛나고 있었다. 그러면서 자연스레 속상했던 일 도와줬던 일 등을 이야기했다. 전에는 유치원에서 있었던 일을 이야기하지 않던 아이들이 수다쟁이가 되었다. 그리고 나는 수다쟁이들의 엄마인 것이 너무 좋았다. 그렇게 시간이 흘러 아이들이 학교를 입학한 후에도 수다는 계속되었다. 큰아이가 1학년 어느 날 큰아이가 내게 와서 얘기했다.

"엄마, 나 엄마 미덕의 책받침 가지고 다니고 싶어"

"학교에 들고 다니려고?"

"응 가지고 다니고 싶어. 친구들한테 보여주려고."

"그래 가져가."

큰아이는 그때부터 '미덕 전도사'가 되었다.

"희연아, 친구들에게 뭐라고 이야기 해줬어?"

"그냥 미덕의 보석이라고 했어."

"친구들이 그게 뭐냐고 안 물어봐?"

"응."

그때 속으로는 '그게 뭐냐고 물어봤으면 희연이는 뭐라고 말해줬을까?' 라고 물어보고 싶었지만, 다시 강요와 평가가 되지 않을까? 싶은 마음에 꾹 참았다. 그렇게 시간이 흘러 겨울방학이 되었다.

"엄마, 나 엄마가 수업 때 쓰는 보석 모양 카드 나 몇 개만 줘."

"왜? 뭐 하려고?"

"친구들한테 주려고."

"몇 개나 필요한데?"

"음……. 우리 반 친구들이랑 선생님 것과"

"친구들이랑 선생님?"

"응 인제 2학년 되면 못 보니까 미덕 적어서 선물로 줄 거야."

우리는 그날 밤늦게까지 미덕 모양의 카드에 그 친구 이름과 그 친구가 가지고 있는 미덕들을 적고 사탕 하나씩 포장했다. 물론 선생님 것도 준비했다. 그리고 나중에서야 알게 된 사실은 큰아이가 친구들에게 미덕의 단어와 그 의미를 설명하면서 미덕 전도사로 활동을 했었다는 것이다. 그 말을 듣고, 내가 버츄프로젝트를 선택하기를 잘했다는 생각이 들었다. 자신만의 미덕의 보석을 만드는 것을 넘어 친구와 선생님까지 챙기는 큰아이의 마음이 너무 예뻤다. 그리고 둘째도 친구들에게 미덕 카드를 선물로 주었다. 그 후로 두 아이는 학교와 유치원에서 학년이 끝날 때면 친구들에게 미덕 카드를 선물했다. 미덕의 광산에서 원석을 보석으로 만들어가는 두 아이의 모습을 보고 있으면 흐뭇한 미소가 지어진다. 지금 초등학교 5학년, 3학년이 된 두 아이들은 좌충우돌 건강한 성장기를 보내고 있다. 앞으로도 우리 아이들이 미덕 원석을 천천히 갈고 닦으며 최고로 빛나는 보석을 만들어가길 바란다. 이 글을 통해 아이들에게 사랑하고 고맙다는 말을 해주고 싶다.

"희연아, 하영아 밝게 자라고 있어서 정말 고맙고, 미덕을 너희와 함께 빛낼 수 있는 엄마의 이번 생은 너희들을 만나 정말 행운인 것 같아. 도희연~도하영~ 사랑한다."

인생의 바닥에서 만난 버츄 - 김미경

인생의 바닥을 치고, 어둠의 터널에서 방황하고 있을 때, 버츄프로젝트를 만났다. 처음에는 나에 대해 너무 몰라서 워크숍 질문지에 한 글자도 답할 수 없었다. 단지 버츄카드를 읽고 마음에 새기는 것이 전부였다. 하지만 매일 버츄를 만나면서 나의 미덕을 조금씩 알아갔다. 그리고 나는 내가 생각보다는 괜찮은 사람일지도 모른다는 생각이 들었다. 내 안에도 이미 52개, 어쩌면 그 이상의 미덕이 있을 수 있을지도 몰랐다. 그렇게 인생의 바닥에서 조금씩 올라올 수 있었다.

어느덧 나는 미덕을 전파할 수 있는 사람이 되었고, 순수한 아이들과 미덕을 나누고 있었다. 한 해, 두 해를 거치면서 약 5000명의 아이를 만났다. 아이들을 만나는 시간은 나를 만나는 시간이기도 했다. 내가 어떤 사람인지 알아가게 해주었다. 때로는 힘들고 괴롭기도 했지만, 혼자가 아니었었다. 어느덧 나라는 사람이 조금은 단단해져 있었다.

그러던 2020년에 소중한 아이가 내 안으로 들어왔다. 서른다섯 살, 경제적 준비도 되어있지 않은 내가, 미혼모로 아이를 낳아야 할지 걱정이었다. 나쁜 생각도 했지만, 세상의 빛조차 보지 못한 아이를 떠나보낼 수는 없었다. 작디작은 손도 잡아 보지 못한 채 아이와 이별할 자신이 없었다. 알아보니 나 같은 미혼모를 위한 시설들이 있었다. 부족한 나였지만 내 삶의 마지막 꿈이었던 엄마를 선택했다.

공부할 것들과 한글, 영문 버츄카드 두세트를 가지고 두려움과 설렘으로 미혼모시설로 향했다. 아이가 세상에 나올 준비를 하는 동안, 매일 뱃속의 아가와 함께 버츄카드를 만났다. 그리고 출산 후에도 버츄와 함께였다. 혼자라면 못했을 것이다. 온라인으로 버츄 모임에 운영해주신 김영경 대표님, 내가 힘이 필요할 때면, 긴 시간 마다하지 않고 응원의 메시지를 보내주신 이희수 선생님 등 좋은 분들의 도움으로 가능했다. 몸은 떨어져 있었지만, 아름다운 마음은 고스란히 전달되었다. 그렇게 1년 6개월이라는 미혼모시설에서의 시간을 문제없이 지낼 수 있었다. 그리고 나도, 이렇게 좋은 분들처럼 누군가에게 미덕의 빛을 전해줄 수 있겠다는 용기도 생겼다. 그렇게 미덕은 내 삶의 일부가 되어갔다. 기저귀를 보면 청결의 미덕이 떠오를 정도였다.

시설 안에서도 좋은 인연은 계속되었다. 시설에서 한 동생을 만났다. 사랑하는 남자에게서 큰 상처를 받고, 배 아파 낳은 자신의 아이를 사랑할 수 없게 된 그녀였다. 그녀에게 조심스레 버츄 이야기를 꺼냈다. 그녀와 함께 매일 버츄를 만나는 시간을 가졌고, 그녀는 가슴 속 눈물을 꺼냈다. 이제 갓 20대를 맞이했지만, 어느 누구보다 자식을 아끼는 그녀들과 싱긋한 잔디밭에서 버츄 나눔도 하곤 했다. 꿈을 이야기하기도 했고, 버츄카드 속 나를 위한 한 문장을 찾아내기도 했다. 나는 그녀들의 마음속에 아로새겨진 그 한 문장 한 문장들이 언젠가 기적을 일으키리라는 것을 믿는다.

그녀들은 지금 어디서 무엇을 하고 있는지 궁금할 때가 있다. 그리고 가끔은 그녀들과 버츄 시간을 갖는 꿈을 꾸기도 한다. 버츄가 나와 함께 있었기에 그 모든 것들이 허락되었다. 마음을 꽁꽁 싸매고 있던 내게 버츄는 마음의 빗장을 풀어주는 도구였다. 그리고 무엇보다 가장 큰 수혜자는 나 자신이었다.

내 속에 잠자고 있던 다양한 버츄들을 깨울 수 있었다.

그리고 지금은 내 아이를 버츄로 키우고 있다. 아이가 20개월쯤 되었을 무렵, 서툴게 한 글자 두 글자 말하기 시작했다. 나는 버츄 52 덕목을 읽어주며, 아이의 입에 버츄 단어를 넣어주었다. 그렇게 아이가 버츄와 함께 세상을 열어가길 바랐다. 이제 아이는 문장을 이야기하기 시작했다. 이제 아이에게 버츄카드의 문장을 입에 넣어줘야겠다.

이제 나는 예전처럼 아이들을 다시 만나고 있다. 그리고 6명의 엄마와 157일째 버츄 한 줄 나눔을 하고 있다. 그렇게 버츄가 삶으로 들어왔다.

상냥함의 미덕을 깨우며 - 김태영

오랜만에 친구를 만나러 가는 날이었다. 아침에 큰아이를 토요문화교실에 데려다 주고, 친구를 만나고 오는 길이었다. 아침에는 맑았던 하늘이 오후가 되면서 갑자기 어두워지고 장대비가 쏟아졌다. 우산 하나를 사서 급하게 집으로 돌아왔다. 큰아이가 우산이 없었기 때문이다. 다행히 큰아이가 돌아오기 전 도착해, 큰 우산을 두 개 들고 버스정류장으로 향했다. 그런데 우산도 없이 6살 수인이를 안고 내리는 이웃 할머니와 눈이 마주쳤다. 수인이는 둘째 린이와 한 살 차이라서 아파트 놀이터에서 자주 같이 놀고는 했다. 하지만 가끔 미운 모습을 보여서 예뻐하지 않았다.

"할머니, 안녕하세요! 어디 다녀오세요?"

"날씨가 맑아서 우산을 안 챙겼는데 비가 많이 오네요"

"네. 그러게요. 아침엔 날씨가 맑았는데 이렇게 비가 많이 올 줄 몰랐네요. 저도 그래서 큰아이를 기다리고 있습니다. 혹시 괜찮으시면 저희 큰아이가 곧 내리는데 저랑 같이 가세요!"

"그래요? 고맙네요."

그런데 할머니의 품에 안겨 있던 수인이가 말을 했다.

"할머니 그냥 가."

아이는 싫다며 할머니 손을 잡아당겼다.

"수인아, 비가 너무 많이 오니까 조금 있다가 같이 가자!"

"할머니 그냥 가!"

비가 많이 오고 있는데, 집에 가자는 아이를 보다 못한 내가 말했다.

"비 많이 온다니까? 지금 가면 할머니 비 많이 맞아서 감기 걸리셔!"

할머니는 아이와 나의 눈치를 보며 서 계셨다. 그런데도 아이는 계속 할머니한테 가자고 했다. 잠시 머뭇거리다 우산을 건넸다.

"그럼 이 우산이라도 가지고 가실래요? 우산은 내일 주셔도 돼요."

"할머니 그냥 가."

"그냥 가야겠어요! 수인이가 계속 재촉하네요!"

"네…….그럼 안녕히 가세요!" 결국, 아이와 할머니는 장대비를 맞고 집으로 가셨다.

'저렇게 지 고집대로 하게 키우는 게 맞을까?' 라며 비를 맞고 가는 할머니가 안 됐다는 생각마저 들었을 때 큰아이가 버스에서 내렸다.

"갑자기 비 와서 당황했지? 엄마도 배터리는 없고, 너랑 연락은 안 되고, 오늘 여러모로 마음이 조마조마했어. 넌 어땠어?"

"선생님이 엄마 연락될 때까지 기다려 주시고 버스정류장까지 데려다주셨어요. 아마 선생님도 비 많이 맞았을 거예요."

"선생님이 고생 많았겠다. 그리고 정말 감사하다. 꼭 따로 인사드려."

"네"

몸의 언어는 말의 언어보다 훨씬 더 많은 걸 말해준다. 따뜻한 감정인지 차가운 감정인지는 말하지 않아도 느낄 수 있다. 생각해보니 내가 6살밖에 안 된 아이에게 내 마음에 들지 않는다며 차가운 마음을 보냈나 보다. 그 아이의 눈빛이 싫고, 행동이 싫었기에 둘째 린이와 같이 노는 것도 못마땅해졌을 정도였으니까. 그렇게 아이가 마음에 들지 않은 채로 수인이를 바라보던 어느 날 수인이가 다니던 유치원에서 적응을 잘 못 하고 옮겼다는 소식을 들었다. 아이들은 사람들이 자신을 어떻게 생각하는지 어른보다 빨리 느낀다. 그리고 내 차가운 눈빛을 수인이도 느끼고 있진 않았을까? 하는 생각이 들었다. 못난 어른이어서 미안했다. 내 차가운 눈빛이 누군가에게는 상처가 될 수도 있다는 걸 그때는 왜 생각하지 않았을까?

어릴 적 나의 모습이 떠올랐다. 초등학교 시절 전학을 했다. 새로운 학교에 적응을 잘 하지 못하고 있을 때, 한 한 친구를 만났다. 먼저 다가와 따뜻한 말을 건낸 친구였다.

"안녕!"

"어. 안녕!"

"이름이 뭐야?"

"임성주 "

"어? 말투가 다르네?"

"어. 얼마 전에 부산에서 전학 왔어!"

"와! 멀리서 왔네?"

"그런데 네 말투 예쁘다!"

"고마워."

"지우개 빌려줄까?"

"고마워."

떨어진 공책을 주워주었을 때도 “고마워.” 언제나 그 친구는 ‘고마워’라는 말을 입에 달고 살 정도로 친절한 친구였다. 항상 환하게 웃고 다니는 그 친구는 가만히 있어도 따스한 온기가 전해졌다. 그 친구로 인해 내 전학 생활이 조금은 따뜻해졌다.

우리는 표정, 눈빛, 말 몇 마디만으로도 그 사람이 나를 좋아하는지, 싫어하는지를 알 수 있다. 상처를 받고, 실패를 경험하면서 사람들을 밀어내고, 지치면 마음의 문을 닫는 쪽으로 선택하기도 한다. 나 역시 사람들의 표정, 눈빛, 상처받은 언어 때문에 밖으로 나오지 못하고 스스로 가시를 만들기도 했다. 꺼내주려 해도 자신이 스스로 갇혀있는지조차 모르는 경우도 많다. 그들도 처음부터 그러진 않았을 것이다. 자신에게 지속해서 따스한 눈빛을 보내는 단 한 사람이 있다면 말이다.

자신을 보호하기 위해 방어기제가 부정적인 에너지를 보내게 된다는 것을 버츄를 공부하면서 알았다. 그리고 그때 수인이가 떠올랐다. 나도 모르는 사이 수인이에게 ‘싫어하는 감정’의 메시지를 보내고 있었다. ‘고집이 세다.’ ‘남의 말을 듣지 않는다.’ 내가 보고 싶은 대로 수인이를 본 것이다. 수인이 역시 나에게 싫어하는 감정 메시지를 느껴서 밀쳐냈던 것일지도 모른다. 이유도 모른 채 상대의 어색한 표정을 마주하는 것은 참 힘든다. 그때 내 편이 되어 주는 한 사람이라도 있다면 그렇게 힘들지 않을 것이다. 그래서 바꿔 보기로 했다. 그리고 수인이를 다시 만났다.

"수인아 안녕!"

"오랜만이네? 잘 지냈어?"

"와. 수인이 많이 컸구나!"

여전히 수인이는 나를 경계했지만 수인이와는 상관없이 긍정의 미덕으로 수인이를 바라봤다. '이 세상 아이들은 다 예쁜 아이야. 내가 어떻게 생각하느냐에 따라 수인이의 모습이 달리 보일 거야.' 수인이를 바라보는 마음을 바꾸자, 마음이 편안해졌다. 한 번, 두 번, 세 번…….수인이를 만날 때마다 인사를 하니, 예전보다 아주 부드러워진 눈빛이 느껴졌다. 내가 긍정의 마음을 보내자 수인이도 긍정의 마음으로 응답했다. 그리고 내가 가진 상냥함의 미덕을 꺼내려고 시도해보기로 했다. 만나는 사람들에게 긍정의 에너지와 따사로운 눈빛을 보내던 어느 날 고집불통 수인이도 변하고 있음이 느껴졌다. 그 이후 수인이는 더이상 나를 피하지 않았다. 그리고 나에게 작게나마 미소를 보이기 시작했다.

우리 가족은 조금씩 좋아지는 중입니다 - 김혜경

그날 점심 메뉴는 '비빔면+군만두'였다. 중1 작은아들이 비빔면을 끓이고, 오전 강의로 힘이 빠진 나는 에어프라이어에 군만두를 굽고, 비빔면에 얹을 오이를 채 썰었다. 그때, 둘째가 말했다.

"오이가 너무 많은 거 아니야?"

"아닌데. 오이 많아야 맛있잖아."

"아니. 나한테는 많은데?"

"아하. 그럼 엄마한테 많이 넣고, 너한테 적게 넣을게. 난 많이 들어가도 좋거든."

"고마워요. 엄마!"

둘째가 비빔면을 건져내 찬물에 헹구고, 그릇에 예쁘게 나눠 담고, 양념까지 잘 배분해준 면 위에 오이를 나눠 담았다. 군만두도 꺼내 오고, 먹기 직전 부셔놓은 김 가루를 뿌렸다.

“형이 그러는데 김 가루를 그냥 얹어 먹는 거라고 하더라. 너도 그래?”

“응. 그래야 맛있어. 근데 엄마, 좀 전에 엄마가 ‘형’이라고 말한 건 나를 배려한 거야? 엄마 관점에서 형이 아니라 내 입장에서 형이잖아. 내가 잘 알아들으라고 나를 배려해서 말한 거지?”

“와! 정말 탁월한 관찰이고 생각인걸? 무의식적인 배려였을까! 그걸 배려로 받아들이고, 인식한 네가 정말 탁월해.”

“히히. 그런 거야? 그냥 저절로 그런 생각이 들었어.”

“그러니까 네가 탁월한 거지. 엄마는 생각도 못하고 한 행동에서 네가 배려를 읽어냈으니 정말 멋져. 그런데 이번 주 주간 미덕은 ‘관용’이거든. 넌 관용이 뭔지 알아?”

“미덕이잖아!”

“그치. 그런데 관용의 미덕이 뭔지 아느냐고?”

“아니. 잘 모르겠는데…. 어려워. 예를 들어 설명해줄 수 있어?”

“음…. 일단 한번 읽어볼래?”

“아. 차이를 인정하는 거. 너와 나는 다르네. 인정! 이런 게 관용인가?”

"음. 말의 밑에 깔린 감정이 무엇이냐에 따라 좀 다를 것 같기도 한데? 엄마도 이번 주 주간 미덕이 너무 어려워."

"다른 걸 예를 들어줘."

"그래. 좀 전에 우리가 오이로 대화했잖아. 너는 오이가 많은 게 싫다고 했고, 나는 많은 게 좋다고 했고. 그런데 엄마가 너한테 몸에 좋으니까 더 먹으라고 억지로 넣어주지 않았잖아? 오이 조금만 먹고자 하는 너의 취향을 인정하고 존중하여, 네가 원하는 만큼만 넣어주었지. 이렇게 차이를 존중하는 걸 관용이라고 할 수 있지"

"아하. 그럼 관용은 내 뜻을 남에게 적용하지 않는 것. 강요하지 않는 거구나!"

"와! 그래. 여기 봐봐. '다른 사람을 변화시키려 애쓰기보다는 당신 스스로를 변화시키세요. 사람을 있는 그대로 받아들이세요.' 이 말과 네가 한 말과 뜻이 같아."

"그럼 그건 인정한다는 것도 포함하는 거네. 아빠가 좋아할 카드군."

"하하하 그런가? 그런데 엄마는 그 '인정' 하는 것에 어떤 감정을 갖느냐가 중요한 것 같아. 불만을 가득 느끼고 혹은 분노를 안고 인정하느냐, 온전히 존중하여 평온하게 인정하느냐의 차이가 있지."

"처음에는 불만이 있다가, 나중에 없어질 수도 있지 않나?"

"그럴 수도 있지. 그런데 그런 인정은 '존중'은 아니지 않을까? 그런 감정 없이 온전히 인정해 주는 것. 나는 아까 네가 오이를 적게 먹겠다는 너의 취향에 화도 나지 않았고, 속상하지도 않았고, 그냥 네 뜻대로 맞춰주는 것, 인정하는 것이 저절로 이루어졌거든."

"아. 엄마가 관용했네."

이날은 아이를 통해 깨달음을 얻은 날이다. 버츄프로젝트를 만난 후에는 아이와 대화하는 내용이 많이 달라졌다. 서로를 더 알아가게 되었고, 서로의 더 좋은 점을 바라보게 되었다. 그리고 아이의 말에서 자연스럽게 나오는 미덕 단어에 감동하기도 한다. 아이와의 대화 속에서 나는 오히려 삶을 배우고 있기도 하다. 작은아이가 "엄마가 관용을 베풀었네." 하지 않고, "엄마가 관용했네."라고 말하는 순간, 저는 고정관념이 없는 아이에게서 새로운 개념을 배웠다.

질문하고 대화하는 하브루타를 삶과 학교 수업에 더 잘 적용하기 위해 익힌 버츄프로젝트였다. 버츄와 하브루타, 두 가지의 공통점은 '명사'가 아닌 '동사'라는 점이다. '개념'이 아니라 '실천'이기 때문이다. 나의 가장 큰 스승은 아이들이고, 함께 실천하는 버츄 벗들이다. 덕분에 나는 버츄 실천을 지속하고 있고, 내면의 평화와 긍정의 언어를 늘 품고 산다. 나는 나의 삶이 기대된다. 내일의 내가 어떤 모습일지 기대된다. 우리 가족은 조금씩 좋은 어른이, 좋은 어른이 되어가는 중이다.

버츄로 따듯한 시선 장착하기 - 박현순

나는 10개 중에 8, 9개를 잘 해내도, 실수하거나 남들보다 못하는 1개에만 초점을 맞추는 사람이었다. 잘하는 건 당연히 해야 하고, 못 하는 것이 없도록 완벽하게 해내야 했다. 혼자일 때는 그래도 잘할 수 있는 것들만 골라서 하거나 힘들 땐 피하면 되는데, 엄마가 되면서부터는 뜻대로 되지 않았다.

16살, 12살 한창 사춘기를 보내고 있는 딸들과의 시간을 든든히 지켜주는 건 바로 버츄프로젝트였다. 심리상담사로 일하는 내가 애타게 찾던 사막의 오아시스 같았다. 사람들은 마음의 상처를 치유하면서 회복이 되었지만, 어딘가 모를 한계가 느껴졌다. 존재를 신뢰하고 확신을 하게 하는 무언가가 필요했었다. 버츄프로젝트를 만나고, 사람을 보는 시선이 달라졌다. 사춘기 아이들, 마음이 아픈 사람들을 도울 수 있었다. 나는 버츄프로젝트를 사람을 바라보는 가장 따듯한 시선이라고 말한다. 미덕의 원석을 통해 빛나고 필요한 사람으로 바라보기 때문이다.

첫째 딸이 6학년으로 올라가면서 한 가지 공약을 걸었다. 평소에 아침 8시면 등교를 했는데, 새벽 6시에 일어나겠다고 했다. 일어나자마자 학교에 가는 시간이 아깝다면서 뭐라도 하고 가고 싶다고 했다. 이 말을 듣고 아이가 많이 컸다는 생각에 기특하면서도 한편으로는 '과연, 그 새벽에?' 라는 의심도 들었다. 3월이 되었고, 새벽 6시에 알람이 울렸다. 아이가 일어나겠다는 의지를 보인 것이 대견했는데, 그것도 잠시 알람은 계속해서 울렸다. 3월이라 아직은 깜깜한 새벽에 알람 소리가 울려대니 잠은 달아나고, 아파트라서 옆집, 윗집에 소리가 들리진 않을까 걱정스러웠다. 딸은 방문을 잠그고 잤기 때문에 내가 들어가서 꺼줄 수도 없었다. 방문을 두드려 아이를 깨워서 알람을 끄게 하는 일이 며칠 반복되자 슬슬 짜증이 올라왔다. 괜히 알람을 맞춰서 일만 만드는 것 같아 불만이 생겼고, 약속도 못 지키고 말만 하는 아이라고 바라보았다. 그러다가 문득 버츄프로젝트의 따듯한 시선이 생각났다. 아이와 맞닥뜨리는 상황에 적용해 보기로 했다.

빛나고 필요한 시선으로 어떻게 바라볼 수 있을까. 알람 소리도 못 들을 정도로 피곤해하는 딸의 모습에서 빛나는 것은 무엇이었을까? 처음에는 52개의 미덕에서 찾기가 어려웠는데 일단 생각나는 대로 맞춰보기로 했다. 일어나겠다고 결심하고 알람을 맞춘 결의, 아침 시간을 활용해 보겠다는 목적의식과 열정이 떠올랐다. 이 생각만 해도 딸에 대한 마음의 문이 열리는 듯 느껴져서 신기했다.

그다음에 무엇보다 중요한 건 필요한 미덕을 찾는 일이다. 아이들은 배워가고 성장해 가는 중이기 때문에 필요한 것을 제대로 알려주어야 한다. 알람 소리도 못 들을 정도로 잠이 깨지 않는다면 자는 시간을 앞당기거나 알람 시간을 조정하는 자율, 자신과 한 약속을 지키겠다는 신뢰, 책임감. 이 미덕들을 아이가 깨워가야 할 내면의 힘으로 찾았다.

빛나고 필요한 미덕들로 아이를 바라보니 밉고, 못 미더운 13살이 아니라 앞으로 더 멋지게 자라날 듬직한 딸로 여겨졌다. 엄마로서 해야 할 일은 아이에게 화를 내고, 부정적인 말들로 상처를 주어 말만 잘 듣게 하는 것이 아니다. 실수하거나 실패한 일들에서 다음에는 어떻게 행동해야 할지 스스로 생각할 수 있도록 깨닫고, 마음을 조절해 갈 수 있도록 도와주면 된다.

당장 아이가 바뀌지 않는다고 조급한 마음이 들지 않았다. 시간을 통해 아이는 자신의 길을 찾아갈 것이라고 응원하고, 지지하며 믿어줄 수 있었다.

그 뒤로도 아이에게 일이 생기면 따듯한 시선을 열심히 적용했다. 아이가 학습지를 하지 않았는데도 거짓말로 핑계를 댔을 때는 과연 빛나는 것이 있는지 현타가 왔다. 그럼에도 불구하고 52개의 미덕을 뚫어지라 쳐다보며 찾아봤다. 매일 공부하기 힘드니까 하지 않을 방법을 궁리해서 기지를 발휘한 것일 수 있고, 거짓말이 들키면 혼날 텐데도 용기를 냈다는 생각이 들었다. 약속에 대한 신뢰를 지키고, 엄마에게 솔직하게 이야기해서 학습량을 조절하거나 힘들어도 인내와 끈기를 발휘하는 것도 필요한 힘이다. 거짓말을 했다고 나쁜 아이로 낙인찍는 것보다, 아이를 존중하면서 문제 상황을 풀어갈 수 있는 열쇠가 되었다. 아이가 엄마에게 거짓말을 했다는 건, 나 역시 아이에게 신뢰를 주지 못했다는 생각이 들어서, 반성하는 계기가 되었다.

고정관념을 바꾸는 데도 미덕이 좋은 방법이었다. 흔히 아이들이 온라인 게임을 하면 나쁘다고 보거나, 하릴없이 시간만 버리고 있다고 보게 된다. 둘째 딸은 온라인 게임을 하면서 무척 재밌어하고 좋아했다. 나는 게임을 하는 것이 오히려 스트레스로 느껴질 정도로 흥미가 전혀 없는 편이라 아이를 이해하기 힘들었지만, 하지 말라는 말보다는 유심히 지켜보았다. 게임을 할 때 신나서 몰입하는 아이를 보며, 그 모습도 인정해주고 싶었다.

한 번은 아이템을 얻기 위해 66일 동안 매일 출석해야 하는 이벤트가 있었다. 아이는 그 아이템을 얻겠다며 하루에 한 번씩 출석도장을 찍었다. 어떤 일이 있어도 해내겠다는 일념이 대단했다. 학교 숙제, 학업에 관련된 것이 아니라도, 아이가 흥미를 갖고 좋아하는 일이 있다면 그것으로 지지받을 때 내면의 씨앗이 무럭무럭 자라날 수 있다고 믿었다. 마침내 둘째 딸은 66일까지 출석을 완료해서 '황금알' 아이템을 얻었다. 나는 이날을 기념해서 상장을 만들어주었다. 자신이 원하는 바를 위해서, 매일매일 꾸준히 노력하고, 끝까지 완주해낸 '끈기와 목적의식' 상장을 케이스까지 준비해서 선물했다.

다른 사람에게 피해를 주지 않고, 자신을 위한 일이라는 경계의 울타리를 튼튼히 정하고, 그 안에서 마음껏 자신의 열정을 발휘할 수 있게 해준다. 아이가 열심히 빛내는 미덕들로 인정해주고, 필요한 힘들은 알려 주어서 성장해 갈 수 있도록 동행한다. 자녀뿐만 아니라 사람들을 따듯한 시선으로 바라보니, 긍정적으로 인식하게 되면서 유연해지고, 넓어질 수 있었다. 무엇보다도 나에게 안성맞춤이다. 내가 나를 비난하고, 지적하며 살아왔었지만 인정하고, 응원하며 가게 되니 이보다 더 좋을 수 없다. 버츄프로젝트 덕분에 세상이 아름다워지는 마법의 안경을 선물 받았다. 언제든 필요할 때마다 선택해서 쓸 수 있는 삶의 필수품이다.

오늘도 난 아이들 마음의 문을 두드린다 – 석윤희

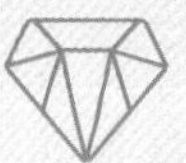

초등학교 학생을 대상으로 하는 수업을 진행하면 본 수업 전에 들어가는 내용이 있다. 선생님과 친구들의 말에 귀 기울이기, 발표할 때 손들고 이야기하기 등 수업이 진행되는 동안 학생들이 지켰으면 하는 내용을 알려주는 것이다. 특히 저학년 수업 때면 꼭 해왔던 부분이다. 학생들이 내 말에 귀를 기울였으면 했고, 친구들이 발표할 때 집중했으면 했고, 수업 안에서 질서를 유지해야 한다는 마음 때문이었다. 돌이켜보면 학생들과 소통하기보다는 내가 준비한 수업 내용을 잘 전달해야 한다는 생각에 사로잡혀 있었다. 하지만 버츄를 만나 익히면서 이런 생각이 달라졌다.

버츄프로젝트의 기본철학이 있다. '모든 사람의 인성 광산에는 모든 미덕의 보석이 박혀 있다' 라고 얘기한다. 나는 얼마

전 이 말의 의미를 진심으로 깨닫는 경험을 했다. 그러자 관점이 전환되었다. 내가 알려줘야 한다고 생각했던 수업 중 지켜야 할 사항들을 내가 알려줄 필요가 없다는 것을 알았다. 질서 있는 분위기에서 준비했던 강의 내용을 다 전달해야 한다는 강박관념에서 벗어나니 '행복하고 즐거운 수업'에 초점을 맞추었다. 수업은 학생과 선생님이 함께 만들어가는 행복한 공동 작업이었고 '소통'이 가장 중요하다는 걸 알았다. 그러자 학생들의 말에 더욱 경청할 수 있었다. 학생들의 관점에서 어떻게 하면 행복한 수업이 될 수 있을지 고민하고 수업을 준비하는 선생님이 되었다.

나는 더 이상 '즐거운 수업을 위해 함께 노력해요!'라고 말하지 않는다. "친구들, 오늘 즐거운 수업을 함께 만들어가기 위해서는 어떻게 하면 좋을까요?"라고 묻는 선생님이 되었다. 그러면 다음과 같이 아이들이 스스로 대답했다.

"친구 이야기를 잘 들어요.",
"선생님 말씀에 경청해요.",
"순서를 지키면서 발표해요.",
"수업 때 돌아다니지 않아요."

이미 학생들의 마음에는 서로를 배려하고, 존중하려는 미덕의 원석이 자리 잡고 있다. 그것을 알기에 오늘도 난 질문을 통해 아이들의 마음의 문을 두드린다. 나의 두드림에 다양한 원석이 문을 열고 수업으로 들어온다. 그렇게 수업은 다양한 미덕의 원석으로 충만해진다. 나는 매일 눈부신 보석을 보며 수업을 한다.

단단해진다는 것 - 이연주

결혼 전에는 목표가 있었고, 나의 길을 가는 힘을 가지고 있었다. 하지만 결혼하고 육아하면서 나만 생각하면 되었던 삶이 누군가를 생각해야 하는 삶으로 바뀌었다. 육아의 피로에 지쳐가며, 내가 사라진 것 같았다. 나를 닮은 다른 사람이 내 자리에 있는 것 같았다. 거울을 봐도 나답지 않았고, 어색하게만 느껴졌다. 점점 사람을 만나는 것이 힘들어졌다. 그렇게 일상의 삶에 지쳐갈 때, 우연히 하지만 운명처럼 버츄프로젝트를 만났다.

처음에는 버츄프로젝트가 무엇인지도 몰랐다. 주변 사람들이 너무 좋다고 하고, 강의가 있다고 하니 무작정 들으러 갔다. 아마도 나를 변하고자 하는 간절함이 끌어당긴 듯하다. 그날의 강의를 듣고 나는 미덕에 중독이 되었다. 매주 버츄 카드를 꺼내 보지 않으면 허전했고, 불안했다. 마치 그날의 숙제를 끝내지 못한 찝찝함이 있었다. 그렇게 매일 숙제를 하듯 버츄 카드를 꺼내 보고 필사했다. 내가 할 수 있는 일이 버츄카드를 읽고 필사하는 것밖에 없었다.

버츄카드 속에 있는 미덕은 나를 찾아와 나의 마음은 만져 주었다. 나조차도 어떤 것이 필요한지 모를 때, 미덕 찾는 법을 알려 주었다. 어떤 힘든 상황 속에서도 미덕이 존재한다는 것을 깨닫게 해 주었다. 열심히 미덕을 연마했던 것도 아닌데, 그저 곁에만 둔 것뿐인데, 7년의 세월 동안 미덕은 서서히 나에게 스며들었다. 그리고 조금씩 삶에도 변화가 찾아왔다. 세상을 긍정적으로 바라보기 시작했고, 삶에 숨겨진 미덕이 눈에 들어오기 시작했다.

예전에 난, 사람과의 관계에서 감정 줄타기하는 것이 너무나 싫었다. 그런 상황이 만들어지면 회피하며 나의 감정을 무시했다. 그렇게 무시당한 감정은 한계점에 다다르자 터져 나오고 말았다. 나도 그런 나의 모습을 보면서 놀랄 정도였다. 하지만 나의 진실을 아무도 진실로 받아들여 주지 않을 거라는 생각으로 스스로 입을 닫았다. 그렇게 나의 감정에 총체적 난국이 왔을 때, 미덕은 나를 바로 서게 해주었다.

내 안의 미덕들이 자리 잡아, 보석으로 빛내고 있으니 이젠 그 어떤 상황에도 나는 좌절 하지 않을 수 있었다. 사람들의 말에 함부로 휘둘리지 않았다. 나에 대한 확신이 생기자 나를 더 사랑하게 되었고, 나를 돌볼 힘이 생겼다. 상대의 힘든 감정에 빠져들지 않고, 내가 할 수 있는 것과 없는 것을 구분한다. 이제 사람들은 내가 단단하다고 얘기해준다.

원석을 보석으로 만드는 힘은 누가 대신해 줄 수 없다. 자신만이 실행하고 이룰 수 있다. 나를 잘 알고 나의 내면을 단단하게 만드는 것 어렵지 않다. 자신이 변하고자 하는 마음만 있다면 자신의 결에 미덕이 들어올 자리를 내어 주면 된다. 미덕은 신기하게도 그 자리를 알고 찾아 들어와 나를 보듬어 준다.